黒子のモノづくり

自動車産業を支え続けて100年

長谷川士郎
HASEGAWA SHIRO

幻冬舎MC

黒子のモノづくり

自動車産業を支え続けて100年

はじめに

国の経済を支える基盤として、日本の成長を牽引《けんいん》してきた自動車産業——。

1970年代以降は日本車が世界を席巻し、日本が世界有数の経済大国へと上り詰める原動力となりました。2023年度の調査でもトヨタ自動車が新車販売台数において世界一の座にあります。

そんな日本を代表する自動車産業において、部品製造を請け負う多くの企業はMade in JAPANブランドを守るために、世界一といえるほどのハイレベルな要求を満たすことが求められます。帝国データバンクの2021年の調査によると、トヨタ自動車グループ（主要関連会社・子会社計15社）の下請け企業は全国で合計4万1427社にのぼり、こうした多くの中小メーカーがしのぎを削りながら黒子として華々しい表舞台を支えているのです。

黒子というのは歌舞伎などの「黒衣」が慣用化した言葉ですが、これは単なる日陰の下働きのことではありません。演目を熟知し舞台を壊さぬよう適切かつ緻密な所作で演者を補助することが求められるため、役者が務めるものとされています。役割は違えど舞台上の一人として作品に責任を負い、演者とともに作品をつくり上げるのです。これは、大企業を支える下請け企業についても似たことがいえます。同じモノづくりの会社であるという矜持のもと、ほかにはまねのできない専門性と技術力を発揮しなければ、舞台に上がるパートナーとして認められることはありません。

近年では、グローバル化や景気の低迷などにより下請けの分業構造が流動化してきています。親企業は高い技術力、柔軟性、優れた提案力という競争優位性を下請け企業に求め、一部の優秀な企業に発注を集約化させる傾向にあります。したがって親企業にただ依存し発注を待つだけでは、たとえ過去に優れた実績をもつ企業であっても競争力を失い、生き残るのが難しくなってきています。

私の会社であるメイドーは、トヨタ自動車の創業以来、一次下請けとしてエンジンやブレーキといった重要なパーツに用いるボルトの製造を担い、自動車産業の成長を黒子として支えてきた企業の一つです。そして、一次下請けでありながら、人材や資本をトヨタ自動車に頼らない自立したメーカーとしてモノづくりに取り組み、ともに歩むという立場で成長を続けてきました。現在ではボルト業界でトップクラスのシェアを誇っています。

私たちの作るボルトは、自動車の心臓ともいえる部分を支える部品です。もし、私たちが生産したボルトのなかにたった1本でも不良品があり、それが重大な事故につながったとしたら、何千万台の自動車に影響を及ぼしてしまいます。この責任を負い、魂を込めて最高の品質を追求し続ける姿勢がなければ、今日までの成長も、大手との信頼関係もあり得なかったと思います。

私たちは何よりも徹底的に品質にこだわり、どんな時代でも最高水準の品質を実現するために、変化を恐れず新しい技術を積極的に取り入れ海外展開も行ってきました。そして、最高の仕事をするための最高の人材を育成することを目指して、妥協なく技術と人を磨き続けています。

下請けだからという理由で向上心にふたをしてしまっては、現状維持すら難しくなっていく時代です。むしろ、黒子であることの矜持をもって研鑽を続けてこそ企業として成長できるということを、ともに大企業を支える中小製造業の皆さんと共有したいと考え、筆を執りました。

本書では、トヨタ自動車をおよそ100年にわたって支え続け、成長を続けてきた黒子としての取り組みを、「品質管理」「技術」「海外展開」「人材育成」といった切り口から語り、モノづくりの本質や中小企業の成長の原動力を明らかにします。下請けメーカーのあるべき姿を考えるきっかけとなり、トップを目指して成長する経営のヒントとなることができれば、うれしい限りです。

目次

PART 1

日本の自動車産業を支える陰の立役者

PART 2

たった一つの不良品が何千万台の自動車に影響を及ぼす

一本のボルトに魂を込めて最高品質を追求する

PART3

技術革新なくして新製品は生まれない

次世代自動車の誕生を支えるために技術を磨き続ける

PART4

MADE IN JAPANの自動車がグローバル市場で勝つために

海外の生産拠点を築き、スピーディーな納品でサポートする

PART 5

すべてのモノづくりはヒトづくりがあってこそ

最終製品のために仕事を磨き、仕事を磨くためにヒトを磨く

PART 6

100年に一度の大変革期を迎えるモビリティー産業

常に変化し続けることで日本のモノづくりを牽引する

PART 1

日本の自動車産業を支える陰の立役者

100年に一度の大変革期に入った自動車産業

1924年4月――。

関東大震災という未曽有の災害に襲われて間もない混乱極まる時期のことです。名古屋市西区明道橋の南東にあったねじ工場を創業者である私の父、長谷川鉱三が買い取ったところから、私たちメイドーの歴史は幕を開けました。

当時はトヨタ自動車の創業より13年も前であり、現在の主要な国産自動車メーカーもいまだ日本に存在しておらず、国内を走る自動車のほとんどはアメリカ製でした。

ただ関東大震災によって壊滅的な被害を受けた鉄道にかわって自動車が大活躍し、火災からも多くの人の命を救ったことで自動車の持つ実用性が広く知られつつあり、国内需要が急増していました。そんな流れのなかで、トヨタと日産という二大メーカーが産声を上げます。まさに日本のモータリゼーションの創成期ともいえる時代で、この頃からメイドーはねじを作り続け、その後の自動車メーカーの成長を陰から支えてきました。

図1　トヨタ自動車グループ 下請け企業数推移

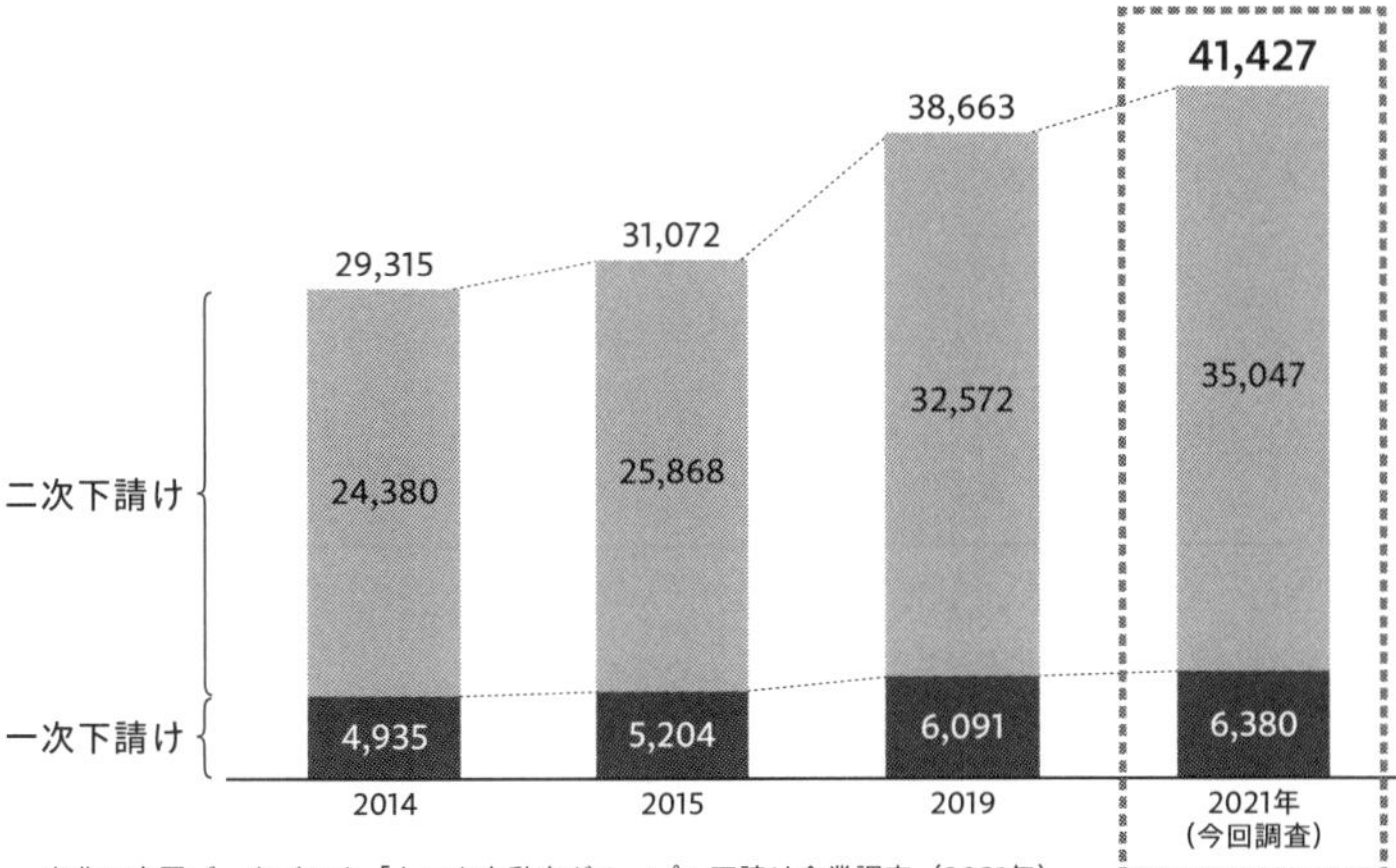

出典：帝国データバンク「トヨタ自動車グループ」下請け企業調査（2021年）

メイドーの歴史は、日本の自動車産業の歩みとともにあったのです。

現在メイドーの主要な取引先であるトヨタ自動車は、グループ会社17社を抱え、世界を舞台に45兆円もの売上を達成し（2024年3月決算時点）、日本を代表する企業となりました。

しかしトヨタ自動車グループだけではこの偉業を成し遂げられなかったと思います。その下に連綿と連なる下請け企業がいたからこそ躍進できたのです。

帝国データバンクの調査によると、トヨタ自動車グループの下請け企業の数はここ数年で増加を続け、２０２１年には過去最高の合計４万１４２７社となったといいます。その内訳としては、直接的に取引を行う一次下請けが6380社、一次下請けを通して間接的に取引を行う二次下請けが3万5047社とのことですが、実際には二次下請けの下にも下請け企業が連なっており、関連企業はさらに膨大な数に上ります。自動車を構成する部品の数はおよそ3万ともいわれますが、それよりもはるかに多い企業がトヨタ自動車を支えてきたわけです。

近年は急速に進む自動車の電動化や自動運転技術の進化などで、自動車業界は100年に一度の大変革期を迎えています。

この変革は自動車メーカーに連なる下請け企業群にも大きく影響します。今まで納めていた部品が採用されなくなり、厳しい状況に追い込まれる会社もあるはずです。

そんななかにあっても、私たちメイドーは着実に売上を伸ばしています。トヨタの一次下請けのボルトメーカーという立場で年商1000億円を達成し、業界ナンバーワンレベルの企業へと成長を遂げることができました。現在では海外の生産拠点も含め、年間約220億本という膨大な量のボルトを生産し、グループを合わせ3500人の社員たちを抱える規模となっています。

田舎町の小さなねじ工場がいかにして一次下請けの座にたどり着き、世界で事業を展開するようになったのか――。その歩みの裏には日本の自動車産業の歴史、そして下請け企業だからこその戦いがありました。

国産自動車の黎明期から自動車用のねじを製造

メイドーの創業者である父は15歳で尋常高等小学校を卒業後、将来の独立を考え、ねじ製造工場で働きながら名古屋高等工業学校に通いました。そして20歳になった時、知人から「明道橋のあたりで工場が売りに出ている」と聞かされ、こつこつと貯めたお金でそれを買い取り、明道鉄工所を創業しました。なお工場名については地名からとったのに加え、明るい道を進もうという意を含めたといいます。関東大震災から間もないことを考えれば、社名には復興への静かな願いが込められていたのだと思います。

事業内容としてはボルト、ナット、ピンなどの生産を手掛け、5人の職人によって工場を回していたといいます。父自らも機械を動かし、完成品を自転車に積んで取引先へと納入していました。

創業時の主な取引先はねじを扱う商社でしたが、2年ほど経って取引先の一つに豊田自動織機製作所（現・豊田自動織機）が加わりました。

当時、ボルトやナットの大半は紡織機や自転車に使われており、その需要が大きなウェイトを占めていました。そんななか取引先の商社である三輪商店を通じ、豊田自動織機製作所に織機用の「根角」と呼ばれるねじなどを納めるようになったのがすべての始まりでした。

その後、繊維産業の拡大とともに豊田自動織機製作所も堅調に成長していきました。ねじの需要も拡大し、それに対応すべく明道鉄工所は中村区牧野町に新工場を建設、さらに生産量を伸ばしました。そのあたりから明道鉄工所はすでにねじ専門のメーカーとして知られるようになっていきます。

そうしたなかで、日本の自動車産業にとっても歴史的な転換点が訪れます。1933年9月、豊田喜一郎氏によって豊田自動織機製作所内に自動車製作部門が設置され、自動車の試作に本格的に着手したのです。そして明道鉄工所も、1935年前後から自動車用のボルトやナットを手掛けるようになっていきます。ただしそれは父が自ら望んで営業をかけたわけではなく、むしろ仕方なく自動車に関わりだした、というのが本音でした。

豊田自動織機とは、最初は商社を通じた取引でしたが、豊田社内では商社不要論が昔から存在したようで、直接取引を望んでいました。そしてある日、近隣のねじ屋に対し、商社を介さない取引を持ち掛けてきました。そのタイミングで5軒ほどあった地域のねじ屋は、織機かあるいは自動車か、どちらか一方にのみねじを納めるよう要請を受けます。

この頃自動車産業は黎明期にあたり、いまだ海のものとも山のものともつかぬ状態で自動織機の製造のほうがはるかに安定した事業でしたから、当然ながらすべてのねじ屋は豊田自動織機との取引を希望しました。しかし5軒すべてがそうなってしまうと、地域に自動車用のねじを作る会社がなくなってしまいます。

そこで白羽の矢が立ったのが明道鉄工所でした。地域で最も後発の会社であり、かつ父の年齢も若かったこともあって、「お前のところが自動車をやるといい」という地域の先輩たちの提案に逆らえなかったのです。

こうして明道鉄工所は、飛ぶ鳥を落とす勢いであった豊田自動織機の協力工場いわゆる一次下請けでありながらも、織機ではなく自動車という新たな機械のねじの生産を担うようになりました。

この選択こそが実は大きな運命の分かれ道であるなどと、当時の父には知る由もありません。常に目の前の現実と向き合い、腐ることなく一生懸命にねじを作り続けていた結果、運を呼び寄せたのだと考えます。

軍需景気に沸くも空襲で工場が消失

1936年7月、政府により「自動車製造事業法」が施行され、豊田自動織機製作所と日産自動車がその許可会社に認定されたことで、国内自動車産業は一気に活気づきます。この新法によって、それまで日本市場を席巻していたアメリカの自動車メーカー、フォードとゼネラルモーターズに対し生産台数の制限や部品の輸入関税の大幅引き上げが行われ、結果として日本国内での生産を停止せざるを得ない状況に追い込まれていきます。

その裏で豊田自動織機製作所では、初の乗用車となる「トヨダAA型乗用車」を発売しました。

そして1937年には、トヨタ自動車工業を設立、翌年には挙母町（現在の豊田市）に日本初の大衆車専門工場を建設し、本格的な自動車の量産に入りました。トヨタ車のボルト需要が起こり、明道鉄工所でもその生産に追われます。なおこのタイミングで、改めてトヨタ自動車工業の協力工場となりました。

追い風を受け、父はひとつの決断をします。名古屋市からの誘致に応える形で、中川区富船町の運河沿いに756坪の土地を購入し、そこに工場と社屋を新設したのです。

もともと80坪の敷地に50坪の工場を建て、その2階で家族と寝泊まりしていたところからいきなりその10倍もの広さに移ることになったわけですが、トヨタ自動車工業の生産量に対応するには、それくらいの規模が必要でした。

また、この頃明道鉄工所は、海軍省の指定軍需工場となり、自動車用ボルトに加え航空機や船舶に用いるボルトやナットの生産も手掛けました。日米関係が悪化の一途をたどる1940年には、従業員数は50人に増え、海軍の魚雷用として特殊鋼の小ねじやピン類も製作するようになりました。

軍需景気はねじ業界全体に行き渡り、経営は順調といえましたが、戦争の暗い影が次第に広がっていくにあたり、明道鉄工所の行く末にもまた暗雲が漂っていきます。第二次世界大戦が勃発し、日本が太平洋戦争に突入する流れのなかで、政府はあらゆる資材を配給制とし、統制を強化しました。その後、戦火が本土に及びつつあるなか、働き盛りの青年はすべて戦場に駆り出され、明道鉄工所の従業員のうち15人に軍から召集令状が届いて徴兵されていきました。

私の心には、いまだに戦争の恐怖体験が刻み込まれています。戦争が始まってしばらくは、新聞やラジオで日本の戦況が有利であると聞いており、明道鉄工所に常駐していた海軍の若い兵士もやさしく、まるで戦争の雰囲気はなかったそうです。しかし戦争が続くにつれ、軍需産業が集積していた名古屋市でも米機動部隊による空襲が増えていきました。昼間に小学校で授業を受けているときにも空襲の警戒警報が鳴り、帰宅させられるようになりました。夜中に警報が鳴れば、防空壕に駆け込みました。爆撃機Ｂ29が大きな音をとどろかせ上空を旋回する様子は、それは恐ろしいものでした。

そして１９４５年3月18日、名古屋市についに強烈な空襲が行われました。夜10時頃、焼夷弾が雨のように降ってきたのです。

私が家から飛び出ると、すでに自宅の周りは火の海でした。

5歳の妹の手を強く握り、母が2歳の妹をおぶって、炎で灼熱する道を「あちっ、あちっ」と言いながら、私はとにかく必死で逃げました。

息の続く限り走ってひとまず土手の下にあった家屋の軒下に避難し、頭を押さえてしゃがんでいたところ、どん、という音と衝撃とともに、目の前に焼夷弾が落ちてきました。

焼夷弾は幸いにも不発でした。もし爆発していたら確実に命を失っていました。まさに九死に一生を得たのです。

夜が明け自宅のあった場所に戻ると、すべてが焼失していました。それを目の当たりにして、私は初めて日本は負けると感じたのです。私の小学校も3分の2ほどが焼け、先生や同級生の多くが犠牲になりました。この名古屋大空襲によって、明道鉄工所の本社工場および牧野分工場は一瞬にして灰燼に帰し、これまで積み上げてきたもののすべてが失われました。

しかし父はあきらめませんでした。命があるだけ幸せだ。そんな思いを胸に、焼け跡から機械を掘り出して、血縁を頼って岐阜県竹鼻町へと疎開し、再びねじを作り始めたのです。

なおその材料は、1944年に軍需会社の指定を受け戦時にも生産を続けていたトヨタ自動車工業から支給され、製品もトヨタに収めていたといいますが、納品のための道のりは遠く悪路続きで1日がかりでねじを運んでいました。

経営危機のトヨタと取引を続ける覚悟

1945年8月15日に、日本は米英中の三国に対し無条件降伏し、第二次世界大戦は終結します。

東京をはじめとした主要都市が焼け野原と化して、物不足によるインフレ、そして食糧難から国民の生活は貧しく苦しいものでした。

終戦直後に設置されたGHQ（連合軍総司令部）によって軍需工業の終止命令が下され、各軍需工場は民需転換を申請し、トヨタもそれに倣って事業の再生を図りました。しかしGHQは製造工業に関する覚書を発表、トラックの製造は資材割り当ての枠内で月産1500台までに制限し、大衆向け乗用車の製造は禁止されました。焼け跡を走るのは米軍の軍用車と大型のアメリカ車ばかりで、日本の工場ではありあわせの材料でスクーターを作るのが精いっぱいだったといいます。

そんななか、明道鉄工所はかろうじて操業を続けていましたが、電力制限によって昼間は機械が動かず、電力が戻る夜間に仕事をするようなこともしょっちゅうでした。なんとか電力を確保すべくトヨタから木炭車を譲り受け、そのエンジンを動力源とするなど工夫していましたが、それでも利益は微々たるものであったと想像します。ただ、苦難にあっても父はねじづくりに対する情熱を失うことはなく、強い責任感で身を粉にして働きました。

そして1947年には不屈の意志で本社工場の再建に着手し、翌年には再び中川区富船町で生産を開始したのでした。

1949年には、政府がインフレ抑制策として通貨の供給量を減らしたことから、多くの企業が深刻な資金不足となり、倒産や失業が相次ぎました。

トヨタもまたその例にもれず経営危機に陥り、銀行の主導する再建計画を受け入れる形で販売部門を独立分離し再生を図りました。しかしそれでも事態は打開できず、人員整理に踏み切ってなんとか急場をしのごうとします。

経営危機の最中、トヨタは協力工場であったメイドーに対して代金全額を支払う能力がありませんでした。この頃から私は父の仕事を手伝い、納品や商談についてまわっていましたが、トヨタの購入担当者と父の会話はよく覚えています。

「今月、職工さんに払う給与はいくらになる?」

「はあ、給与ですか」

「とりあえずその分だけ現金で払う。残りはしばらく待ってくれ」

どの下請けに対してもこのような対応をしていたので、多くの取引先はトヨタから手を引いていきました。

しかし父は迷わず首を縦に振りました。

「うちは、これまで世話になってきたトヨタとともに生きる」

そう言って、変わらず部品の納品を続けたのです。

しかもその間、従業員の給料をたったの一度も遅延させることはありませんでした。それができたのは、父が創業以来堅実に経営を続けてきたおかげでした。

父は私に対しても、子ども時代から「お金がないのは首がないのと一緒」とよく口にし、お金こそが命をつなぐ糧であると説いてきました。その考えからも明らかなように、父は派手な投資をせずに着々と資金を積み上げていく人物だったのです。私は資金繰りの厳しさを不況のせいにするのは言い訳に過ぎない、厳しいときこそ、日頃の経営姿勢が問われるものだと教わりました。

こうして明道鉄工所は終戦後の数年で貯めた積立金を切り崩してなんとか窮地をしのごうとしますが、事態は悪くなる一方でした。

ある日、父と私がトラックでボルトの納品に行くと、いつも開いている工場の門が閉まっており、その前では大勢の男たちが赤旗を振り回していました。納品は叶わずそのまま引き返したのですが、のちにトヨタが労働争議の真っ最中であったと知りました。

トヨタにもそんな厳しい時代があったというのを記憶している人は、もはやほとんどいません。

結局、労働争議は1950年6月10日に終結しましたが、トヨタのおかれた状況は変わりません。明道鉄工所としても先行きがまったく見えませんでした。

法人化に踏み切り生産規模を拡大

ところが、労働争議の終結からわずか15日後、事態は一気に動き出します。朝鮮半島で大韓民国（韓国）と朝鮮民主主義人民共和国（北朝鮮）の間に戦争が勃発したのです。

この朝鮮戦争は、アメリカとソ連の代理戦争という側面があり、日本は韓国を支援する米軍などの補給基地となりました。そしてこの戦争特需により、日本経済は大きく持ち直します。警察予備隊（のちの自衛隊）が設置され、車両需要が重なったことなどもあり、機械産業のなかでも自動車産業は特に恩恵を受けました。

それで息を吹き返したのがトヨタです。これまでの停滞を吹き飛ばし、生産台数を一気に伸ばしました。それと歩調を合わせ、明道鉄工所をはじめとする下請け企業もまた特需に沸き、復興を果たします。

戦争の特需に加え、自動車産業にはさらなる追い風も吹きました。１９４９年ＧＨＱによる自動車の生産制限が解除されたのです。

それをきっかけに国内では再び自動車の本格的な生産が開始されました。とはいえいきなり国産自動車が始まったわけではなく、まずは海外で生産された製品の主要部品を輸入し、組み立てて販売する「ノックダウン方式」により自動車が作られました。この時期に日産自動車はイギリスのオースチン、日野自動車はフランスのルノーなど、日本のメーカーは欧米のメーカーと提携を結んで最新の自動車生産技術を学んでいきます。そんななかでトヨタだけは独自路線をとり国産にこだわって開発を進めていましたが、欧米との技術の差はいまだ大きく、純国産の乗用車が誕生するまでにはさらなる時間を要することになります。

なおこの時代に、トヨタの下請けであった個人事業主が続々と法人化していきます。苦境に陥ったトヨタとたもとを分かち、新たな市場に打って出るための準備という位置づけで法人化を行った会社もあったようです。

明道鉄工所としては今後もトヨタと歩んでいくと決めていましたが、自動車産業が復興の兆しを見せるなか、設備資金の調達や人材確保といった企業活動を個人事業として行っていくのには限界を感じていました。

そこで1950年に明道鉄工所も法人化に踏み切り、その初代取締役社長に父が就任しました。事業内容は各種ねじおよび鋲《びょう》製作、自動車並びに紡織機用部品製作、各種機械製作とその修繕など、ここまでの経験を活かした幅広いものでした。

トヨタの復活、そして増産に次ぐ増産に伴い、明道鉄工所の売上もどんどん伸び、1950年の売上が500万円だったところから、翌年はいきなり1600万円、翌々年には3200万円と、倍々に増えていきました。

なおトヨタの増産に応えるには、当然ながら今までの生産規模ではとても間に合いません。こなせない分を外注に回すなどしていましたが、それでもまだ需要に追いつけず、当時最新であったカム式ねじ転造盤を導入して生産効率の向上を図るとともに、中川区に木造二階建ての寄宿舎を建設し、従業員を大幅に増やしました。

そして、個人事業から株式会社となり、社員が増え、需要に追いつくべく生産技術や経営の合理化と向き合ったのをきっかけとして、明道鉄工所のモノづくりも新たなステージへと進んでいきます。

オリジナルのオートバイを販売するも失敗

戦後まもない時代、日本のモノづくりは国際的な水準に届いていませんでした。国内ではモノ不足で極度のインフレが起き、多くの製品が「安かろう悪かろう」の状態で出回っていたためです。

それを見かねた政府は1949年に工業標準化法を制定、それに基づいてJIS（日本工業規格）が作られ、国産品の品質向上を目指しました。そしてGHQの統制から次第に離れ国として独り立ちをしていく過程で、日本経済は国際的にも自由競争にさらされるようになり、それに耐え得る品質の確保が急務となっていきます。そんななかでJISにも注目が集まり、製造業でも品質管理の質を上げるべく取得に踏み切る企業が出てきました。

そのなかの一社が明道鉄工所であり、これまでの経営者の勘に頼った経営から数字に基づいた合理的な経営管理へと生まれ変わるべく、増産体制で日々残業が続く状況にもかかわらずJIS取得の努力を積み重ねていきました。

そして1951年には、無事にJIS取得に成功し、明道鉄工所のモノづくりのグレードは格段に上がったのです。

この際に社員一丸となって進めた業務改善の取り組みが、現在のメイドーの最大の武器である、日々の改善活動の原体験といえるかもしれません。

1954年に入るまでは、トヨタも明道鉄工所も、業績が順調に伸びていました。しかしその後、政府による金融引き締めやデフレ政策などで急激に景気が悪化、トヨタが生産調整を行う事態となり、明道鉄工所もまた大幅な後退を余儀なくされました。

こうして寄せては返す波のように景気が上下動し、それに企業が翻弄され「三歩進んで二歩下がる」ということがしょっちゅう起こった時代でした。

好景気時の増産体制に合わせて人員と設備を整えていた明道鉄工所では、仕事がなければそれらが宙に浮いてしまいます。トヨタという親の求めに応じ拡大をしても、仕事がないときの保証は得られない……。それが日本の成長を支えてきた下請けの中小企業がずっと味わってきたことであり、不景気下で生き残るための術は自分で見つけねばなりませんでした。

トヨタからの発注が著しく減ったため、明道鉄工所でも多くの機械の稼働が止まり、従業員が手持ち無沙汰となりました。そこで当時の経営陣は思いがけぬ策に打って出ます。オリジナルのオートバイの製造販売に乗り出したのです。

エンジンだけは別会社から仕入れましたが、それ以外の部品はすべて自社製で、オートバイを完成させ、販売にこぎつけました。ただ、すでに自動車業界の不況はオートバイにも波及しており、販売面にも課題があったことなどから、結局1年足らずで、新たな挑戦は幕を下ろしました。もしこの取り組みがうまくいっていたなら、メイドーはまた別の道をたどったのかもしれません。この失敗で、明道鉄工所の経営はいよいよ追い込まれていきます。

トヨタの生産量が相変わらず戻らぬなか、次に手掛けたのが、工作機械の製造販売でした。その手始めに30台のグラインダーを作り販売してみたところ、その性能の高さから思いのほか好評を博しました。トヨタの景気が戻るまでは、これでなんとか食っていこう。経営陣にそんな腹づもりができつつあったなか、再び好景気の波が訪れます。世界的に景気が回復し、戦後最高といわれる「神武景気」がやってきたのです。

好景気は半年遅れで自動車業界にも到来し、トヨタも攻めに打って出ます。実は

1955年の段階で、トヨタは戦後初の純国産車となる「トヨペット・クラウン」を発表していました。その出来栄えは、まだまだ欧米諸国のメーカーの車には及びませんでしたが、それでも独自路線を実らせ国産車を完成させたことには大きな意義がありました。

さらに翌年の年末には、トヨタの生産設備近代化5カ年計画を完成させ、それを実行することで、全車種において大幅なコストダウンに成功、車自体の性能も向上しました。それが需要の拡大を呼び、生産台数は毎年30%を上回る伸びとなり、生産量も爆発的に増えていきました。トヨタと歩調を合わせ、明道鉄工所でも工作機械の製造は止め、再び部品作りに集中する方向へと舵を切り、新たな加工設備を導入していきます。

もはや、戦後ではない――。

1956年の経済白書が述べたとおり、日本経済はようやく安定期に入っていきます。その後、神武景気は一服し、揺り戻しによっていわゆるなべ底と呼ばれる不景気がきましたが、長くは続かず、1958年には「岩戸景気」と呼ばれる新たな好景気がやってきました。

トヨタはさらなる増産に入り、明道鉄工所でもそれに続くべく体制を整えていた、そんな矢先のことでした。

伊勢湾台風で、工場が半壊

1959年9月26日――。

紀伊半島の先端に、非常に大型で勢力の強い台風15号が上陸しました。陸に上がってからも勢いは衰えることなく、広い範囲で暴風が吹き、名古屋市では最大瞬間風速45・7m／sを観測しています。台風の進行方向東側にあたる伊勢湾岸では高潮により広範囲が浸水、深夜の台風通過で犠牲者が増え、全国で死者・行方不明者合わせて5098人、住家全壊4万838棟の戦後最悪の被害をもたらしました（消防白書より）。

のちに伊勢湾台風の名がつくこの台風について、当時の取締役は巨大な悪魔が走り去ったようだったと表現しています。電灯が消えた暗黒の市街を猛烈な雨風が蹂躙し、看板が宙を舞い、車まで動かすほどだったといいます。

台風の接近につれ、明道鉄工所の従業員寮はきしみ、屋根瓦が飛ばされ、寮にいた人たちは本社工場に隣接していた社長宅へ避難しました。悪夢の一夜が明けると、本社工場があった場所はただがれきの山が残されていました。強烈な暴風によって建屋が半壊したのです。工場の建屋はほとんど吹き飛んでおり、機械が野ざらしになっていました。惨状を目の当たりにした従業員たちは言葉を失って立ち尽くしていました。不幸中の幸いで従業員に犠牲者は出ませんでしたが、岩戸景気によるトヨタの増産に後れを取らぬよう生産体制を整えていた最中の被災で、経営的に大きな痛手となりました。

ただいつまでも下を向いてはいられません。次第に従業員たちの間ではできることをしようという雰囲気が生まれ、一致団結して復旧に動き出しました。台風一過の青空のもと、従業員総出で建屋があった場所にテントを張って即席の屋根を作り、機械を動かしました。生産に遅れが出るほどトヨタに迷惑がかかりますから、なりふりかまってはいられませんでした。

そうしてなんとか生産を再開したうえで、すぐに工場の再建にもとりかかりました。まずは建材がなければ始まりませんでしたから、材木屋に連絡を入れたところ「今は、製材も乾燥もしていない、原木しかない」といわれました。

それでもないよりはましですから、天竜川沿いの山林の原木をトラック2台分、購入することにしました。そして原木を工場近くの大工のところへ持ち込み、その場で製材から工場再建まで依頼しました。大工たちは素早く動いてくれて、台風から1カ月程度で工場が完成し通常操業に戻ることができました。

ちなみに工場の再建後には材木が割と余っており、大工からは購入したいという申し出を受けました。それを快諾したところ、地域で本格的な復旧が始まったこともあって材木が品薄となり、従来の10倍の価格まで跳ね上がっていました。そのため、余った材木を売ったお金が原木の仕入れや工場再建の費用のすべてを払ってもおつりがくるほどの額となり、その後の経営の大きな助けとなったのでした。

トヨタのおひざ元に工場を建設

神武景気から岩戸景気に至る好景気は、日本経済が大きく浮上する原動力となりました。社会的にも耐久消費財である冷蔵庫・洗濯機・白黒テレビが三種の神器といわれて普及していき、さほど間を置かずして今度はカラーテレビ、クーラー、自家用乗用車（カー）という3Cが広まって人々の生活水準が向上しました。

国内産業としても、自動車業をはじめ電気機械業、造船業、化学工業、鉄鋼業など、重工業が大きく飛躍していきました。この頃の中京地区の工業地帯は、今後ますます成長するだろうという意味を込め、青年工業地帯と呼ばれました。また、製造業では大手メーカーを中心に海外から革新的な技術を続々と取り入れ、製品の量産に入って企業規模を拡大していきました。投資が投資を生むと呼ばれた時代でした。

ボルト業界にも大きな変革の波が訪れていました。大企業となった親会社と直接結びつき、その要請に応え積極的に設備投資を行ってきた一次下請けメーカーでは、親会社と歩調を合わせボルトやナットの量産を図る手段として、海外の大型機械の導入を進めました。一方でそうしたメーカーからの外注で生計を立てる二次下請けでは、景気こそ良かったものの昔ながらの手作業によって生産を続けるところが多く、結果として一次下請けとそれ以下の下請けの間に企業格差が開いていくことになります。

1960年、岸信介から首相を引き継いだ池田勇人は国民所得倍増計画を掲げ、10年で国民総生産を2倍にするという仰天プランをぶち上げます。当時は到底不可能という見方が大半でしたが、実際には2倍を超える成長を果たし、経済大国の仲間入りを果たすことになります。

高度経済成長のさなかトヨタも飛躍を遂げ、1962年には日本で初の生産累計100万台を達成し、わずか2年10カ月後には累計200万台まで記録を伸ばし、驚異的なペースで成長を続けていきます。

明道鉄工所も増産に次ぐ増産で必死にトヨタに食らいついていきました。実はこの頃、父が車の事故によって生命の危機に直面し、3年ほど入退院を繰り返していました。以降、父はトヨタへの訪問を私と兄に任すようになっていきます。明道鉄工所の仕事のほとんどはトヨタからの依頼でしたから、実質的には経営の第一線から身を引いて次世代をサポートする体制に徐々に移っていたといえます。

当時常務であった私は、さらに先の未来を見据えていました。1960年、政府は貿易為替自由化計画を策定し、貿易の自由化が動き出しており、その流れで自動車の輸出入も自由化に向かいつつあり、それがさらにトヨタの成長を押し上げることになるだろう、と私は考えました。そうなるといくら努力を重ねても現在の工場や施設では需要を満たすことはできなくなります。

そして、私はついにトヨタのおひざ元への進出を決意します。

ちょうどその頃豊田市は工場の誘致に積極的で、割安で土地が手に入りました。いくつかの候補地があり、最終的に私が選んだのが豊田市三軒町の5000坪を超える広大な敷地でした。当時の本社工場がおよそ600坪の土地で操業していたのを考えれば、実に10倍近い工場ができることになりますが、それに見合った需要が必ずあると私は確信していました。

そうして1961年に工場用地を確保したのですが、私は焦りませんでした。父は私に対して、返せないような借金はしないこと、会社は大きければいいのではないということ、そして利益を上げるのが大切なのだと、絶えず言い聞かせていました。父の薫陶を受けた私もまた借金を好みませんでしたが、だからといってひたすらお金を貯めるわけではなく、利益の多くを投資に回していました。

土地の購入から2年ほどで改めて資金を用意したうえで、1963年9月に工場建設に着手し、翌年1月に豊田工場が完成しました。

貿易の自由化をきっかけに、品質管理を強化

私の予想どおり日本経済のさらなる拡大とともに自動車の販売台数は急激に増加し、なかでも乗用車の需要が顕著に伸びていきました。1960年代に入って自動車メーカー各社がこぞって1000ccクラスの大衆自動車を販売し、マイカーブームが起きました。国内の自動車保有台数も1965年で724万台、その2年後には1000万台を突破して、全国各地に自動車が普及していきます。生産台数も1967年には315万台となり、西ドイツを抜いて世界第2位の自動車生産国となりました。

モータリゼーションの進展に合わせ、全国で道路の整備が急ピッチに進みました。1954年から道路整備が次々と実行され、1965年には名神高速道路、1969年には東名高速道路が開通し、ハイウェー時代が到来しました。

すでに時代の寵児となっていたトヨタの拡大に合わせ、明道鉄工所も最新の設備を導入して生産能力を高めていきました。この時期でいうと1972年にはボルトホー

図2　自動車保有台数等の推移

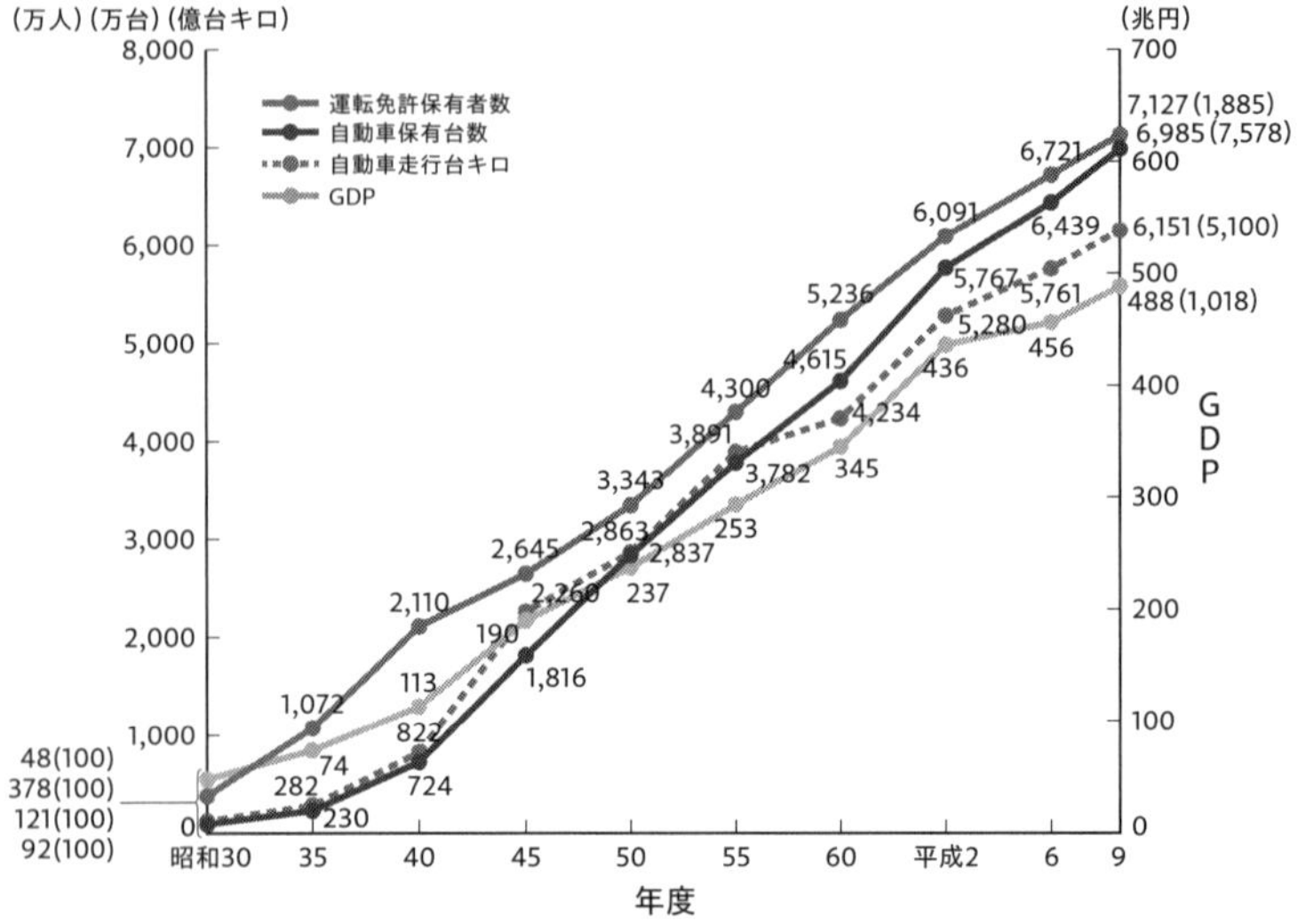

出典：国土交通省「第7回基本政策部会 公共交通に対する考え方」

マー、ナットホーマー、ローリングマシン、熱処理設備、ねじ切り旋盤などの設備を増設しています。

生産能力を急ピッチで向上させ、従業員も増やしていくと必ず出てくる課題が、品質管理です。いくら最新鋭の設備をもっていても、現場が効率的に使いこなしロスなく作業をする体制がなければ生産効率は上がらず、モノづくりのスピードを速めた分だけ品質が下がるリスクもあります。

1971年には、自動車部品

工業に関しても貿易の自由化がなされ、明道鉄工所も国際市場で競合と戦わねばならなくなりました。日本経済の構造が変化するなかでこれまでのようにひたすら量産に力を注ぐだけでは、生き残っていけないだろうと父は判断し、量産即納品という従来の強みに加え、品質を高める方針を打ち出しました。

それに基づき明道鉄工所では外部から専門家を招聘し、本格的に品質管理の強化を行いました。これこそが現代まで脈々と続くメイドーの品質管理への全社的な取り組みの入り口ともいえるものでした。

このようにして高度経済成長の波に乗り、明道鉄工所も着実に成長を遂げていたさなか、思わぬ落とし穴が待っていたのです。

オイルショックにより仕事が激減

1973年10月6日、第4次中東戦争が勃発したのをきっかけに中東で産油国6カ国が連携して、石油価格を70％も引き上げました。そしてそれに引き続き、産油諸国は中東戦争でアラブ側を支援し、イスラエルと関係の強い国々に対し石油禁輸措置を含む強硬な対応を打ち出しました。国際原油価格がわずか3カ月で4倍にも急騰し、石油消費国である先進国を中心に世界経済はのちに第一次オイルショックと呼ばれた大混乱に陥ったのです。

エネルギーの8割近くを輸入原油に頼る日本にも、大きな影響が出ました。原油の値上がりは関連製品や輸送費の値上げに直結し、物価は瞬く間に上昇します。その急激なインフレはそれまで盛んだった経済活動に冷や水を浴びせ、1974年度の日本経済は戦後初めてマイナス成長となりました。

自動車業界全体でも自動車生産に必要な資材の高騰や部品の不足により、そのコスト増は企業努力では吸収しきれず、国内向けの車種の値上げを余儀なくされます。ガソリンが高騰するなか、自動車の売れ行きは一気に悪くなり、トヨタ自動車では1973年12月以降自動車販売台数が前年同月に比べ数十%減る状況が続きました。そしていち早く減産に踏み切り、販売店の在庫調整へと動きました。

同時に進めたのが原価改善でした。1974年10月、当時主力車種であったカローラの原価改善委員会を設置し、約半年間で1台あたり1万円の原価改善を目標としました。そしてボルト一本に至るまであらゆる部品を見直し、節約を積み重ねた結果、目標を上回る改善を実現しました。続いて、コロナやクラウンなど他の車種でも次々に委員会を設置し、原価改善が全社的な取り組みとなりました。

これを明道鉄工所の側から見ると、減産と原価改善でねじの仕入れ量は大きく減りました。そこに追い打ちをかけるように現れたのが、ライバル会社でした。トヨタ自動車の原価改善を取引に食い込むチャンスととらえ、M10（軸径10ミリ）、M8（軸径8ミリ）といったボルトの頭部にくぼみをつけて軽量化した新型ボルトを武器に売り込みをかけ、採用されたのです。

それによってシェアを奪われ、明道鉄工所の売上は一気に落ちていきます。仕事が減って工場がフル稼働しなくなり、それまで一日あたり2時間30分の残業が当たり前であったのが、定時で終わる日々が続くようになりました。

しかしだからといって、メイドーの屋台骨が揺らぐようなことはありませんでした。なぜかというと、父がそれまで積み上げてきた、借金をせず資金的な余力を残しておく経営によって不況をしのげるだけの蓄えがあったからです。

下請け企業はどうしても親会社の動向に左右されるものです。親会社が増産を行えばその生産量を支えるだけの設備や人材への投資が必要になる一方で、急な減産があればとたんに設備過剰に陥り、赤字になってしまいます。

そうした下請け企業の宿命ともいえる売上の上下動を吸収するという意味でも、父の経営戦略は正しかったといえます。

1973年には創業者で会社を率いてきた父が社長を退任し会長に、その長男である私の兄、款一が新社長に就任し、経営陣が一新されました。世代交代の裏にはオイルショックによる貿易自由化によりグローバルな環境で戦わねばならなくなり、新たな価値観が求められているという父の判断もあったと思われます。

下請けであっても、自らの会社は自分たちで守る

体制を一新した明道鉄工所は、これまででは考えられなかった新たな一手を打ちます。

それが金属部品の表面処理という新たな事業領域への進出でした。

具体的にはアメリカのダイヤモンドシャムロック社によって開発された防錆処理法「ダクロダイズド処理」の販売権および表面処理技術権を取得し、普及を目指しました。

ダクロダイズド処理は積層された亜鉛とクロムを約300度で部品に焼き付けることで強力な皮膜を形成して、防錆性能を発揮させる技術です。現在も「ジオメット」に名称を変え自動車の足回りのボルトやブレーキ部品、バネ類などでよく採用されています。

この技術に明道鉄工所が目をつけたのは、日本油脂という会社の塗料販売特約店の社長から私に話がもちこまれたのがきっかけでした。当時、日本油脂の子会社がダクロダイズドの処理剤を製造しており、日本油脂としてはトヨタに採用してもらう方法を探っていました。当初は別の会社にボルトの表面処理としての採用をもち掛けましたが、断られたそうです。

圧倒的な防錆性能を誇り、間違いなく部品の耐久力を大幅に上げられるだろうダクロダイズド処理を前に私は、この技術が世を変えると直感しました。

そこでさっそく社長である兄、そして会長の父に相談をもち掛けました。しかし二人からは大反対に遭います。

その理由の一つは、採用契約を結ばなければダクロダイズド処理の具体的な中身がいっさい明かされなかったことにありました。いくら専務の推薦とはいえ、二人にとっては得体の知れぬ技術で、過去に経験のない事業に飛び込むのを簡単に許可できなかったのです。

しかし反対を受けても、私はあきらめませんでした。父と兄が賛同しない以上、明道鉄工所の予算で事業を進めることはできません。そこで契約金300万円をポケットマネーで払い、自らが所有する土地や建物を担保に入れて数千万円の資金を用意し、別会社を立ち上げてまでこの新たな事業にかけました。

私が私財をなげうつほどの強い思いで事業化に踏み切った裏には、これまで下請けの製造業という立場で味わってきた苦労、日本の中小の製造業が経験する悲哀がありました。

親会社が増産といえば、下請け企業も設備や人員の拡張をせざるを得ない一方で、減産に転じ仕事が減っても穴埋めをしてくれるようなことはありません。それに増産するという言葉を信じて設備投資をしても実際はさほど増産できず、資金繰りが苦しくなることもあります。

大企業の一部ではありますが幹部の身勝手さや非情さを、私は肌で感じてきました。そしてまたオイルショックを通じ改めて下請けの立場の弱さという厳しい現実を突きつけられていたのです。

トヨタに対して深く感謝しているのは間違いありません。明道鉄工所の発展は、紛れもなくトヨタの成長のおかげです。しかしトヨタに限らず、あらゆる大企業と下請け企業の関係性のなかで、親会社に生殺与奪の権利を握られているような日本の産業構造自体に私は疑問をもっていました。

下請けだからといって何もかも言いなりではもはや生き残ってはいけないのだという思いです。もしまたトヨタの業績が落ちてさらなる減産が続いてもどんなにひどい状態に直面しても生き残れるような体制を築いていかないといけない、そして何よりも自らの会社は自分たちで守らねばならないという信念とでもいえる強い思いです。

そんな思いから私は会社独自の新たな収益の柱となる事業を探し、そうして出会った新たな可能性が、ダクロダイズド処理です。メッキに変わる新たな表面処理として広まれば、自動車業界はもちろん、鉄道や航空、建設資材など幅広い分野で技術が用いられるようになり、さまざまな会社との取引が生まれるはずです。親会社に左右されない会社の経営をより強固にしていくための独自の武器となり得る、大いなる可能性を見いだしていたのです。

表面処理へ進出、事業の幅を広げる

1974年、私は日本油脂と半分ずつ出資をして、ナゴヤダクロ株式会社を創立しました。創業時の社員は8人で市場開拓に力を入れましたが、その頃はいまだダクロダイズドによる処理の量産技術が確立しておらずにコストが高くついたため、まったく採用されず、経営的に苦しい時期が続きました。

私は明道鉄工所のボルトにダクロダイズド処理を施し、トヨタに格安で販売して実際に車に使ってもらうことで耐久性の証明にもなると考えました。トヨタ車の足回りのボルトで通常のメッキ処理を施したものとダクロダイズド処理をしたものを2年間使い、比較するとメッキのほうの表面には錆《さび》があるのにダクロダイズドではまったく問題が起きませんでした。

その結果ダクロダイズド処理に一気に注目が集まり始めました。まずトヨタが採用し、続いて日産、日野と大手自動車メーカーとも続々と取引が始まったのです。

量産技術が完成していなかったため初期の頃は赤字でしたが、試行錯誤の末

1979年に原型となる技術を確立し、翌年には品質も安定し経営的にも利益が出る状況になっていきました。ここで確立した量産技術は、現在ダクロダイズド処理のグローバルスタンダードとなっています。

その後はさらにすそ野が広がり、G製作所、T製作所、D社といったサプライヤーでも採用が相次ぎました。私が予測したとおりダクロダイズド処理は世の中に受け入れられて事業として成長していったのです。

この事業を通じて他の大手自動車メーカーとも付き合いができるなかで、私は改めてトヨタのすばらしさを実感しました。トヨタは昔から自社の成長のためには下請け企業のレベルアップが欠かせないという考えのもとで、下請け企業や協力企業を大切に育てる方針を取ってきました。例えばメイドーがトヨタに1本10円で販売しているボルトがあったとします。そこに競合他社の営業担当者が、うちなら同じボルトが1本8円でできますと売りに来ました。ほかの自動車メーカーであれば2割も値が安い競合他社へと迷わず乗り換えるところでしょうが、トヨタは違います。メイドーに対し、よその会社が1本8円で提案してきました、1年待つからその値段になるように努力をしてくださいと言ってくるのです。

その結果、1年の猶予の間に下請け企業は生産管理の見直しや新たな機械の導入といった改善活動を行うことができ、それによってレベルも上がっていきます。

目の前の得を取らず、下請けに時間を与えてレベルアップを促すのがトヨタのやり方なのです。

トヨタが言っているわけではなく、担当者が言っているのに過ぎない

こうして新たな事業が軌道に乗り、営業先が一気に増えたこともあり、私は1980年代に入ると営業力の強化に取り組みました。週一回、全営業担当者を集めて報告会を行い、直々に指導していきました。営業会議は現在まで脈々と続いてきており、メイドーの経営の屋台骨を支えてきた重要な要素の一つといえます。

営業担当者に対するメッセージのなかで私が特に繰り返し伝えたのが、自らも考え続けてきたトヨタという大企業との向き合い方でした。

確かに親会社がいなければ下請け企業の経営は成り立たないけれど、だからといっ

てすべて言いなりになってしまえば、それは子会社と変わりません。

高度経済成長期にあっても、多くの下請け企業は基本的に親会社のいうことは絶対というスタンスで、何の交渉もせずに受け入れてきていました。これまで世話になってきたという理屈は分かるにせよ、その従順さが裏目に出て日本の中小企業の成長を阻害してきた可能性があります。ここに日本の下請け企業の哀愁があります。

トヨタがどれほど下請けを大切に考えていても、最後はやはり一企業であり自らの成長が優先されます。何のために下請けを育てるのかというと、当然ながらボランティアではなく自社のためなのです。トヨタが悪いわけではまったくありません。それが資本主義というものなのです。

したがって時に、トヨタのためにはなるけれど下請けのためにはならないというトヨタ優先の要求が出てきます。黙って飲み続けていれば、当然ながら会社は発展していきません。

当時の明道鉄工所のなかでも、トヨタが言っているからという発言がよく聞かれていましたが、その時々の大企業の要求とは詰めれば担当者がそう言っているというものにほかならず、大企業そのものの意見ではありません。勘違いしてしまうと、大看板を前に動けなくなってしまいます。

もちろん担当者の意見は確実に社内にもち帰らねばなりませんが、相手が言ったことが果たして自社のためになるのかしっかりと検討し、プラスかマイナスかを判断すべきです。

もしマイナスになるなら、うのみにして従うようなことはせずきちんと下請け企業としての主張を行う必要があります。ポイントは、「ただ反対だ」「できない」と言うのではなく、担当者の上司も納得できるような主張をすることです。時には、先方の要求をかわし、まともに受け止めないのも立派な交渉術です。

不本意ながらどうしても要求をのまねばならない局面がきても、100%受け止めず、10~20%にとどめても担当者の顔が立てば、すっと流れていく場合がよくあります。万一、担当者から不興を買ったとしても、その人間が一生そのポストにいるわけではなく3~4年で異動しますから、関係再構築のチャンスは必ず訪れます。

このような交渉こそ、大企業のもとで中小企業が成長するためには非常に大切なものであるというのが私の出した結論であり、1980年代からは営業担当者にもこの交渉術を広めていったのでした。

新規事業の構築でトヨタ以外との付き合いを広げ、また大企業の言いなりという従来の下請け関係から、パートナーとしてともに高めあう関係へとシフトしていったというのが、私が明道鉄工所にもたらした大きな変革であるといえます。

メイドーは過去に一度もトヨタから幹部クラスの人材を迎え入れたことはありません。Ｔｉｅｒ１企業ではかなり珍しいと思います。親会社から経験豊富な人材を受け入れるというのは、さらに関係性を深めるうえで有効かもしれませんが、それにも増して巨大企業で育った人と中小企業で育った人が同じ職場で働く難しさを、当時のトヨタの役員は理解してくれて今日に至っています。ともに歩むパートナーという関係性を望んできたメイドーは、こうして独立性とともに社員同士の協調性を保つことも大切にしてきたのです。

バブル崩壊を機に、人材獲得に注力

１９９１年になると日本経済の著しい凋落が始まりました。

青天井に上昇しもはや実態とはかけ離れつつあった地価に歯止めをかけるべく、政府が不動産融資総量規制を実施、土地への課税を行う地価税法も発令されました。それをきっかけに、それまで不動産売買に対する積極的な融資をしていた金融機関が一気にそのバルブを締め、不動産の買い手が減り、あらゆる不動産資産の価値が急激に下落していきました。その結果個人や法人で破産が相次ぎ、回収困難な不良債権が山のようにあふれ、日本全体が不景気の波に飲まれていきます。

このバブル崩壊の影響は自動車産業にも及び、それまで順調に推移していた国内市場は一気に縮小しました。多くの中小企業が、苦しい思いをした時期です。

ただ、トヨタ自動車ではちょうど海外事業が伸びており、明道鉄工所もそれに合わせて増産体制に入っていたところでした。当時、ボルトは品質などの問題から海外調達が難しく、その生産分を請け負っていたのです。

バブルが崩壊し、国内需要の冷え込みから確かに売上は落ちましたが、幸いにも会社が傾くほど大きな打撃は受けず、期間工の人員削減もいっさいせずにすみました。そうしてまだ体力が残っていたところで、明道鉄工所ではピンチをチャンスに変えるべく動きます。

実はそれまで明道鉄工所の大きな課題の一つであったのが、人材確保でした。設備投資は製造業の宿命であり生産量を増やすべく拡張を続けてきたのですが、それに見合った人材を雇うのが難しくなっていました。バブル期には工場での仕事は3K（きつい、汚い、危険）などといわれ、人材の確保にかなり苦労しました。

しかし崩壊後には新たに人材を雇える余裕のある企業の数が大幅に減り、就職戦線は買い手市場に様変わりし、「仕事があるだけありがたい」という風潮が生まれつつありました。その変化をいち早くとらえた明道鉄工所では、1991年に株式会社メイドーへと社名を変更し企業イメージの一新を図ります。また新入社員たちへの待遇をあえて良くすることで、他社と差別化しました。

この戦略で次第に人材が集まるようになっていきます。現在、海外の会社で社長を務めていたり、本社で本部長となっていたりする重役の多くはこの時期に入社した人ですから、まさに未来を創る取り組みであったといえると思います。

目指すは売上1000億円、「NO.1戦略」を発表

1999年はメイドーにとって新たな歴史の幕開けとなりました。

三代目社長に兄の息子であり私の甥である長谷川裕恭《ひろやす》が就任したのです。なお、私はこのタイミングで会長職につくことになりました。

裕恭は22歳で明道鉄工所に入社後、製造畑一筋で歩んできた筋金入りのエンジニアです。ボルトだけではなく冷間鍛造などさまざまなモノづくりを経験してきました。

このような経歴の裕恭が社長になった事実は、すなわちメイドーのモノづくりに対する姿勢の表れといえます。

今後トヨタ自動車の仕事だけではなく幅広い領域に事業を展開していくそのためには、製品の品質はもちろん、生産効率の向上や新たな設備の導入などメイドーの基盤となるモノづくりの力をさらに上げていく必要があるだろう。世代交代に際し当時の経営陣はそのように考えて、裕恭に白羽の矢を立てたのです。

ただし裕恭は、その期待をいい意味で裏切るような仰天のプランをぶち上げました。それこそが、2024年に迎える100周年までの間に、ねじ業界で圧倒的NO．1の会社になるという「NO．1戦略」です。

当時、ねじ業界のトップ企業の売上は350億円ほどで、メイドーの約3倍です。その差を覆し、さらに圧倒的なトップを狙うのですから、起こすべき改革は業務全般にわたります。トップレベルの品質、原価の競争力、設計の提案力、製造の生産性といったモノづくりのベースアップに加え、人材の確保、営業力の強化、海外への事業展開など、あらゆることを改善せねば、圧倒的なトップはとれないと裕恭は考えました。

売上についても、まずは500億円を目指し、そこから1000億円までたどり着こうという目標を立てました。

このような大胆な改革案の裏には、ひとつの思いがあったといいます。

以前、メイドーのある社員の妻が、地域の会合に出席した際にある女性から夫の勤務先を問われたそうです。メイドーと答えるとその女性からなぜ町工場に勤めているのと言われたという話を裕恭は聞きました。さらに自身が出席した社員の結婚式でも、同様に参列していた若い女子社員から結婚するならメイドーの人以外がいいと言われた経験もありました。年配の従業員からも息子はメイドーには入れないと突き放されました。周囲からそんなふうに評される会社が果たしていい会社といえるのかという疑問が裕恭にはあったのです。

裕恭は自身がトップに立つと決まった際に、改めていい会社とは何かを考えました。結局のところ、企業とは人で成り立つもので、活動のすべては会社ではなく人々のためにあります。そのため従業員たちが誇りをもち、幸せに働き続けられる場所こそが、いい会社であると思い至りました。

そして、それを実現するにはまず自らは何をすべきかと問い、たどり着いたのが圧倒的な業界トップになることでした。そうすれば従業員たちの生活の質は上がり、勤めてよかったと胸を張って言えるようになるはずです。

もちろん口で言うほど簡単なものではなく、自らにもやり抜く覚悟が求められます。そこで裕恭が発表したのが、トップとして一貫した経営を貫くための「7つの行動指針」です。

1. ビジョンを明確にする
2. 従業員の経営参加
3. 納得できる評価・処遇を行う
4. 人が成長できる企業
5. 企業イメージを大切にする
6. 水準以上の待遇を提供する

7．未知への「挑戦」

この決意表明からメイドーの大改革は動き出しました。

メイドーはさらなる成長のための一歩を踏み出し、売上1000億円、業界NO．1へと上り詰めていくことになります。現在に至るまで取り組んできたのが品質向上、技術革新、海外展開、人づくりです。

PART 2

たった一つの不良品が何千万台の自動車に影響を及ぼす

一本のボルトに魂を込めて最高品質を追求する

毎日の改善の積み重ねが、未来を創る

メイドーがここまで成長を続けてこられた、最大の理由は継続的な改善活動によるものであるというのは間違いありません。改善、改善、また改善……業務のあらゆる点を常に見直し、より良く変えていくという文化が定着し、改善こそ仕事という価値観が根付いています。

絶え間ない改善活動の結果、精度の高いねじを大量に作っても不良品がほぼ出ないという、世界屈指のクオリティのモノづくりが可能となり、それが競争力の源となっています。メイドーの製品と同じタイプのねじを作れる会社は世界でごまんとあっても、同じペースでほぼ不良品を出さず作り続けられる会社はまずありません。

今でこそ世界トップクラスの品質を実現していますが、最初からそうだったわけではありません。１９８０年代まではトヨタの増産に次ぐ増産についていくだけで精いっぱいで生産量重視の製造だったため、品質は高かったとはいえず、不良品も出ていました。

社員たちも何万本も作るのだから不良品は出て当たり前という感覚でした。そのしわ寄せを受けていた部門の一つが営業部で、毎日のように不良品が出るのでそのたびに取引先に行かねばならず、謝りっぱなしで一日が終わることもあったそうです。また営業担当者が製造部門を訪れるのはほぼクレームの伝達に限られていたこともあって、製造部門の人々から疫病神のように嫌がられていたといいます。

そんな状況もあって、当時は不名誉ながらトヨタの一次下請けで不良発生の割合がワースト10に入っていました（大半が正規品に異品が混入した不良現象による）。

品質不良の多発は経営に重大な影響をもたらします。

不良品が発生すれば作り直さねばならないので納期が遅れます。社員の立場からすると予想外の作業が発生し残業が増え、時には休日も作業しなければならなくなりますから、労働環境が悪化し、技術がある人からどんどん辞めていきます。結果としてキャリアが浅くスキルが低い人が増え、さらに不良が発生しやすくなる悪循環に陥るのです。

悪循環からの脱出のきっかけとなったのが改善活動であるといえます。

メイドーの歴史のなかで品質が向上していく入り口となった取り組みとして挙げら

れるのが、トヨタ生産方式の導入とトヨタ品質管理賞への挑戦です。

トヨタ自動車が世界に誇る生産方式

トヨタ生産方式とは、トヨタ自動車が独自に生み出した生産工場での効率的な生産方式で、あらゆる無駄を排除した理想的な生産体制を構築しています。

メイドーでも取り入れることになるこの生産方式は、自働化とジャストインタイムという基本思想から成り立っています。

自働化は人偏（ニンベン）のついた「働」を用いているところに、トヨタ自動車のこだわりが見て取れます。機械による単純な自動化ではなく、ヒトの手が加わって初めて効率化ができるという思想の表れです。つまり、人の作業を機械に置き換えることではなく、人の働きを機械に置き換えることなのです。

トヨタ自動車では不良品が出た場合、生産ラインをストップさせて徹底した原因の追究を行います。機械が異常を検知するとその内容が迅速に管理者へと通知され、すぐに原因の究明が始まる仕組みとなっています。

図3　トヨタ生産方式

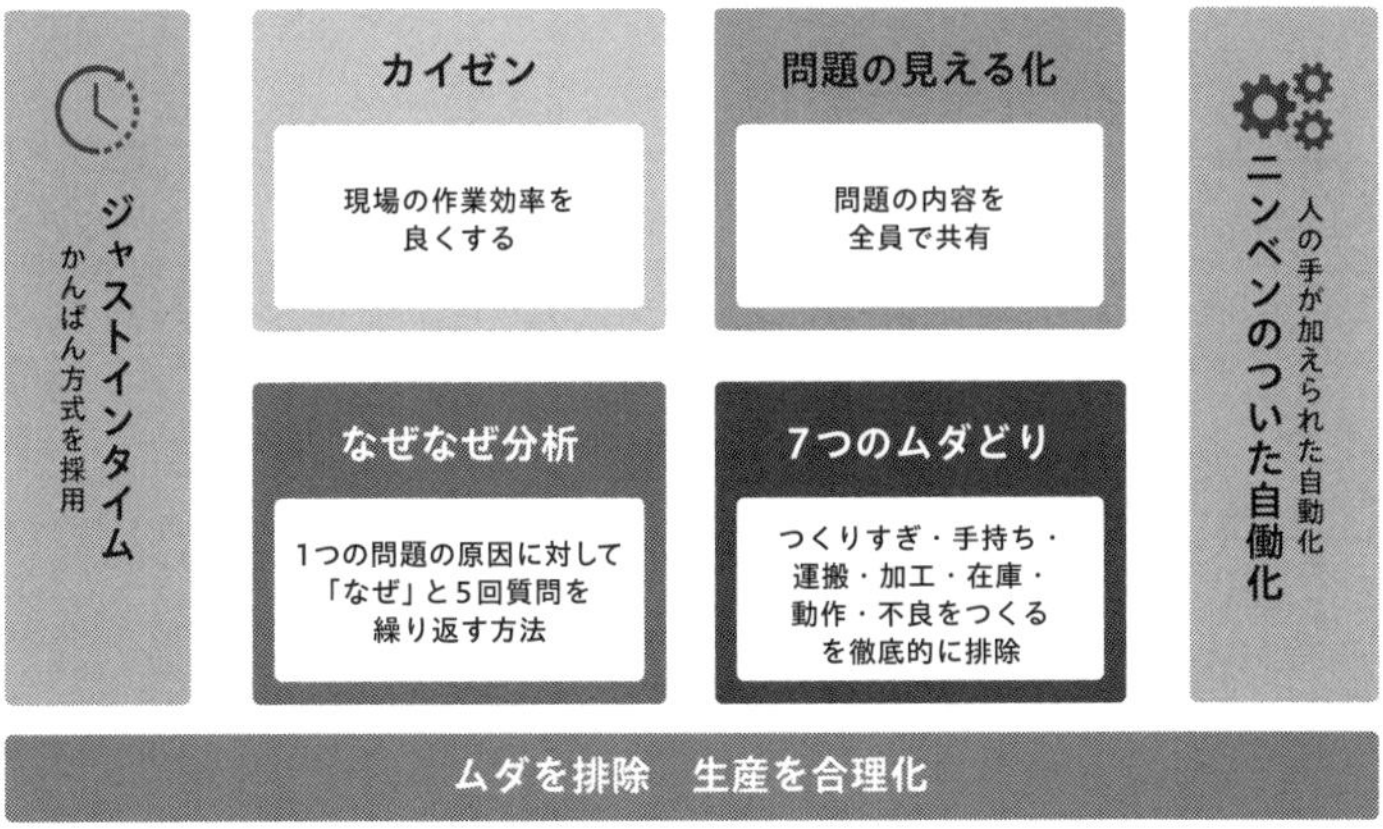
ジャストインタイム
かんばん方式を採用
カイゼン
現場の作業効率を良くする
問題の見える化
問題の内容を全員で共有
なぜなぜ分析
1つの問題の原因に対して「なぜ」と5回質問を繰り返す方法
7つのムダどり
つくりすぎ・手持ち・運搬・加工・在庫・動作・不良をつくるを徹底的に排除
ニンベンのついた自働化
人の手が加えられた自動化
ムダを排除　生産を合理化

Tトレンド「トヨタ生産方式とは？基本思想や4つの手法をわかりやすく解説」を基に作成

こうして生産ラインを止めてまで不良品を撲滅しようとする改善活動の積み重ねこそが自働化の本質であり、品質向上とロスの削減につながるものです。

ジャストインタイムは、生産現場の各工程で必要なものを必要なときに必要な分だけ供給する思想です。

生産工程で必要な部品が足りなくなれば当然生産が停滞し、逆に必要以上の数の部品があれば管理コストという無駄が発生します。そうしたリスクを排除するのがジャストインタイムの大きな目的といえます。

トヨタ自動車の工場の組み立てラインでは、どのような注文が入っても対応できるよう全種類の部品が少量ずつ取りそろえられています。そして例えば1台の注文が入って製品がなくなると、それを補充するために組み立てラインの最終工程が稼働し、部品から1台の完成品を組み立てます。すると、1台分の部品が最終工程のラインからなくなりますから、その各部品をそろえるべく、一つ前の工程に各部品を引き取りにいきます。一つ前の工程では、後工程が引き取っていった部品が足りなくなり、それを補充すべく、さらに一つ前のラインへと引き取りに向かいます。これを生産の最初の工程まで繰り返すというのがジャストインタイム方式の基本的なやり方です。

なお、それを実現するのにトヨタ自動車で用いられているのが、「かんばん方式」であり、前工程と後工程の間で、必要な部品の数量や納入時間といった作業に必要な内容を示すカードである「かんばん」がやり取りされます。作業員はこのかんばんの指示に従って部品を作りさえすれば、常に必要数量だけが各工場間で受け渡されていきます。

ジャストインタイム方式の大きな効果といえるのが、在庫の最適化です。過剰な在庫を抱えればそれをそろえるのに費やした原材料費や人件費、光熱費といったコストが宙に浮き、万一在庫が売れ残ってしまえば大きなロスを生みます。また、保管が長期化するほどスペースや保管費用といった新たなコストが発生します。

常に必要な分だけ生産をするなかで、大量生産に比べ無駄な作業が減り、製造から検品までのリードタイムは最短化されます。

このトヨタ生産方式の確立こそ、トヨタ自動車が世界の舞台で勝負をするうえでの大きな武器となったものです。トヨタの代名詞ともいえる方式を、なぜメイドーで導入することになったのかというと、背景にはトヨタ自動車の苦境がありました。

下請け企業もトヨタ生産方式を導入し効率化を図る

1985年、日本、アメリカ、イギリス、ドイツ、フランスの先進5カ国は、ドル高を是正するべく協調介入を強化することで合意しました。このプラザ合意が引き金となり、それまで1ドル240円前後で推移していた円相場が、1985年末に200円を切り、翌年5月には160円にまで高騰しました。

1986年1月、トヨタ自動車の国内累計生産台数は日本メーカーとして初の5000万台に達し成長を続けてきていましたが、円高が冷や水となって輸出台数が減少に転じます。同年6月には前年を5・3％下回る187万台にとどまり、200万台の大台を目前に急ブレーキがかかりました。他の日本のメーカーも同様で、アメリカ向けの車を中心に幾度かの値上げを余儀なくされた結果、業績が悪化していきます。

トヨタ自動車では1986年6月期こそ国内販売の健闘によって売上高が前期比4％の増収となりましたが、円高による減益は2900億円に上り、大幅な減益決算につながっていきます。特に円高が始まった下半期の営業利益は前年同期に比べて6割強も落ち込み、大きな打撃を受けました。

トヨタ自動車は、全役員が委員を務めるという異例の「円高緊急対策委員会」を発足させ、全社一丸となって円高対策と向き合う決意をします。各部門においてあらゆる点でコストの見直しや改善が行われましたが、円高は止まらず、1987年1月にはついに150円を突破します。

トヨタ車に使われる部品のうち7割は、下請け企業によって作られています。歯止めのかからない円高による損害を吸収するには、下請け企業の側にも部品コストの改善を求める必要がありました。

そこでトヨタ自動車は下請け企業に対し生産効率を高めるようアプローチをしていきます。具体的な手法の一つがトヨタ生産方式の導入でした。単純な値下げ要求ではなく根本から生産性を高めて問題を解決しようという狙いです。

メイドーに対しても自社の支援の下でトヨタ生産方式を導入してはどうかと推薦があり、1988年から導入プロジェクトが本格始動していきます。トヨタ自動車からかんばん方式の生みの親といわれる大野耐一氏の愛弟子がメイドーにやって来て、1年間つきっきりでトヨタ生産方式の神髄を指導しました。

導入にあたっては、工場の生産ラインの在り方から根本的に見直す必要があり、メイドーにとってもまさに大改革でした。工場にある設備のうち98%を動かすことになりましたが、その移動だけとっても大変な時間がかかり納品に遅れが出たこともありました。しかしその際、トヨタ自動車の仕入れ担当者はいっさいクレームをつけず、改善活動によって遅れたものについては、ペナルティは必要ないという姿勢を貫いていました。そのような支援、理解のもとで、メイドーでは5年の歳月を費やして徐々に体制を整えていきました。

改革が必要だったのは、設備だけではありません。

ジャストインタイムでスムーズな生産を実現するには、不良品をできる限り少なくする必要があります。余分な在庫を持たない状況下で仮に不良品が大量に出てしまえば、必要な部品が足りなくなって生産がストップする可能性があるからです。もしそうなれば、トヨタ自動車の生産ラインにも大きな影響が出るのは必須です。

メイドーでは不良品を撲滅すべく、品質と本気で向き合うようになっていきます。自働化の考え方に基づき不良品が出たらすぐに改善したことが、のちのメイドーのあらゆる改善活動の土台となっていきました。

賞を目標に、社員一丸となって改革に取り組む

トヨタ生産方式の要は実は生産ラインの設備や仕組みではありません。真に重要なのは根本に流れる、無駄を徹底してなくし、不良品を出さないという思想です。この思想が社員たちに浸透しなければ、人的ミスによるロスが発生して効率化を妨げることになります。改善の種を見つけるのも社員たちであり、そのモチベーションがなければ生産現場の細かな改善は進んでいきません。

メイドーでも導入を成功させるには社員たちにトヨタ生産方式の神髄である思想を理解してもらい、その思想を通じ、心を一つにして改革を進める必要がありました。経営陣がいくら大号令をかけてもなかなか社員すべての心を動かすのは難しいものです。全員に本気で改革に向き合ってもらうには、目標が必要であると私は考えました。

私が打ち出したのが、トヨタが優良下請け企業に授ける「トヨタ品質管理賞」への挑戦でした。これはトヨタ自動車の多くの重役幹部たちが審査員を務める権威ある賞で、当時のメイドーが受賞できたなら快挙といえました。私は、賞を取るために今までよりもはるかな高みを目指して、全員参加で改善活動に取り組む必要があり、トヨタ生産方式の導入も、何としてでも成功させる必要があると、社員たちにメッセージを送ったのです。

高い目標が定まったことで社員たちは発奮しました。各部門で「無駄を徹底してなくす」「不良品を出さない」と意識が高まり、日々の改善活動も次第に根付いていきました。その結果、トヨタ生産方式の導入もうまくいき、1992年12月にトヨタ品質管理賞優良賞を受けることができたのです。

受賞に至る過程でトヨタ生産方式を導入し、生産工程の整流化やリードタイムの短縮、小ロット化生産による在庫の削減に取り組んだ成果は、すぐに数字として表れました。トヨタ自動車からの信頼が高まり受注量が増えたこともあって、売上はどんどん伸びていき、１９８４年には50億円であった売上が１９９０年に１００億円を突破したのです。

この経験によって、賞という目標を掲げ全員参加で改善活動に取り組めば大きな成果が出るのだと、社員たちは実感しました。以後メイドーでは社内改革の際、目標とすべき賞を設定して一致団結して向かうという文化が醸成されていきます。

ＴＰＭの意識が浸透し、生産性が30％向上

品質管理において、トヨタ生産方式の導入の次に取り組んだのが、１９９５年に実施した「ＴＰＭ（Total Productive Maintenance）」です。

「メンテナンス」という単語が入っていることからも分かるとおり、ＴＰＭとは現場の全員が設備保全に参加し自らの手で計画的にメンテナンスを実施していくことで、

図4　TPMによる企業や工場での活動

TPMの8本柱の内容をそれぞれ端的に示すと、以下の表現となる。

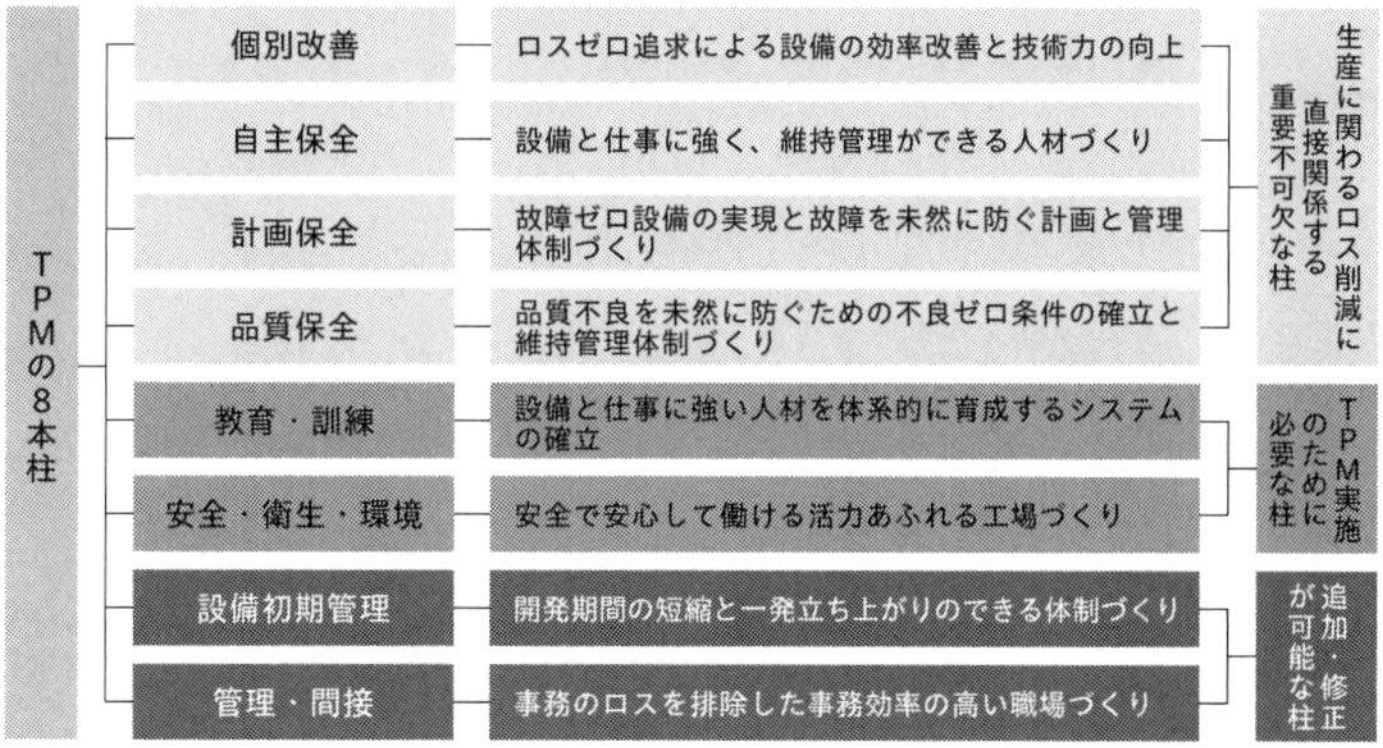

出典：日本プラントメンテナンス協会「TPMとは」

効率よく製品の品質を保っていくという活動を指します。

例えばねじの金型にしても、できるだけ長く使い続けたほうが利益が出るわけですが、劣化して欠けたりすればとたんに不良品が出ます。ひたすら使って壊れたら変えるのではなく、日頃の手入れによって壊れるまでの期間を延ばし、かつこまめなチェックで不良品が出た瞬間に生産を止められるような体制をつくることで、結果的に効率が上がり品質も保てます。

なぜこのタイミングでＴＰＭを手掛けることになったのかというと、トヨタ生産方式の導入が関係しています。ジャストインタイム方式の採用によって、在庫が大きく削減されましたが、それは裏を返せば突発的な事態で機械が停止すると、とたんに在庫がなくなり、生産が止まってしまうリスクがあるということです。

その分設備の点検には細心の注意を払っていましたが、やはり故障が多く、当時製造部長であった裕恭のもとには夜間までも故障や異常の電話が入って安眠できないほどでした。

メイドーでは過去にグラインダーなど加工設備自体の製造を手掛けた経験もあり、設備メーカーにわざわざメンテナンスを託さずとも十分にそれができるだけの技術がありましたが、実際に体系立てて設備点検やメンテナンスを行ってきてはいませんでした。

自社の設備は、自分で守る。社員たちにそんな自主保全の意識を高めてもらうためにも、TPMを実施することとなりました。

社内における業務改革は達成目標を自社で設定する必要がありますから、ともすれば自己満足で終わってしまいかねません。それを防ぎ客観的にも成果が出たといえる改革を展開するためには、外部が設けた達成の指標、すなわちトヨタ品質管理賞のような賞を取るというのが目標設定の正しい方向性であると裕恭は考えています。

ただし、受賞そのものがゴールではなく、あくまでその過程の努力によって会社がより良く生まれ変わるというのが真の目的です。極端な話、受賞が叶わずとも改革がうまく進めばそれでいいのです。

TPMについても、日本プラントメンテナンス協会によって設立されている「TPM賞」の受賞を目標に据えました。1964年に創設された歴史あるもので、製造現場ではよく知られています。

この賞は生半可な取り組みをしても受賞できるものではありません。そこでメイドーでは設備保全コンサルタントの指導を受け、より本格的にTPMの導入に動きました。

受賞のためには社員たちが勉強して知識をつける必要がありました。そうした場合、少額の教育手当を支払って勉強へのモチベーションを保とうとする会社がありますが、それでは忙しいのにやっていられるかとなかなか真剣には取り組んでくれず、そうして不満を持ちながらいやいや勉強した知識など身につきません。そのため私は勉強を求める際には残業手当という形でしっかりと対価を支払うようにしました。それで初めて社員たちの意識が、会社がお金を出して勉強させてくれると変わり、真剣に向き合ってくれると考えたのです。

そのような工夫も功を奏して、結果として1998年にTPM優秀賞を受賞できました。

ただ求めるのはあくまで具体的な成果です。TPMの浸透によって、設備の突発事故件数は従来の10分の1まで一気に減少し、またそれまで10年ほどで交換していたメッキ設備が、細やかなメンテナンスによりさらに10年間の延命が可能となるなどした結果、生産性が30％向上しました。

日頃の改善活動を支える、創意工夫提案とトップ点検

TPMへの取り組みをひとつのきっかけとして始まったのが、計画的な改善活動とトップによるその点検です。

トヨタ品質管理賞の流れのなかで改善を繰り返す文化は萌芽していましたが、それをより具体化して社員たちの日々の業務に明確な目標値を作るというのが大きな狙い

でした。

工場での作業はともすれば同じことの繰り返しとなりがちで、何も考えずにただこなすだけでは誰だって飽きてしまいます。ただ給料をもらうためだけに目の前の作業をこなしているような状態では、当然幸せとはいえません。

では、社員たちがどのように働ける職場なら幸せなのか。そのヒントとなるのが、中国の思想書・論語で説かれている「知・好・楽」という考え方です。ある物事についてそれをこなしていけば知識はつきますが、ただ知っているだけだと好きで取り組んでいる人には及ばず、さらにただ好きなだけならその物事を楽しんでやっている人に及ばないというような意味であり、すなわち仕事も「楽しむ」領域までいくと高い成果が上がり、人生が豊かになっていくものです。

単純作業が多い仕事を楽しむには何が必要かというと、その業務を通じて得られる成功体験や喜びです。それらを得るためには、明確な達成目標を持つのが欠かせません。メイドーでは、組織としての明確な達成目標を賞に、個人の達成目標を改善活動の成果に求め、社員たちがより仕事を楽しめるような環境を作ってきたのです。

改善活動を全社的な習慣とするべく作った仕組みはいくつかあります。

まずは全社員に、こうすれば今よりも良くなるのではないかという業務改善の提案を月10件以上行ってもらう「創意工夫提案」です。いい提案をしてくれた社員に報いるべく、採用者には100円から1万円までの報奨金を支払い、全体としては月間140万円ほどの額で推移しています。

こうして集まった創意工夫提案をもとに各部署が改善テーマを決めていきます。これは各人の業務レベルでの課題を発見、修正するのに極めて有効であると同時に、自らの意見が採用されるという成功体験を通じて、より仕事が「自分ごと化」でき、モチベーションが高まるというメリットがあります。

また、経営陣が数値目標を設けたうえで実施する計画的な改善活動では、その進捗や実行度合いを経営陣の前で発表する場を定期的に設けています。これにより若い社員であってもトップを前に自らの成果を披露する機会が得られ、評価されれば喜びややりがいにつながります。

なお経営陣による年度方針の管理も一般的には半期ごとだと思いますが、メイドーでは主に1カ月単位で行い、営業部に至っては毎週実施してPDCA（Plan：計画、Do：実行、Check：測定・評価、Action：対策・改善）サイクルを回しています。

このように小さく細かく改善を積み上げる仕組みがあり、それを全員参加で1日も欠かすことなく30年実行し続け、業務全般を絶え間なく磨いてきたのがメイドーの最大の強みで、世界屈指のクオリティのモノづくりの基盤となっています。

豊田章一郎氏の勧めで出会ったデミング賞

メイドーの品質管理に対する取り組みのなかで最も大きな転換期となったのが、「TQM（総合的品質管理）」の導入、そしてデミング賞への挑戦です。

現代の品質管理では、TQMという概念が欠かせないものとなっています。製造現場において、製品の品質に問題がないか検証するQC（品質管理）という考え方は古くからありましたが、仕入れから製造、納品まであらゆる工程が複雑化し品質につながる要因が多岐にわたるようになると、製造現場だけでは品質を保証するのが難しくなってきました。そこで製品が生み出されるプロセスのすべてを分析し、全社的に改善に取り組むことで品質を向上させるというTQMが求められるようになります。

そしてTQMにおける世界最高ランクの賞こそデミング賞です。

図5　TQMの基本的な考え方

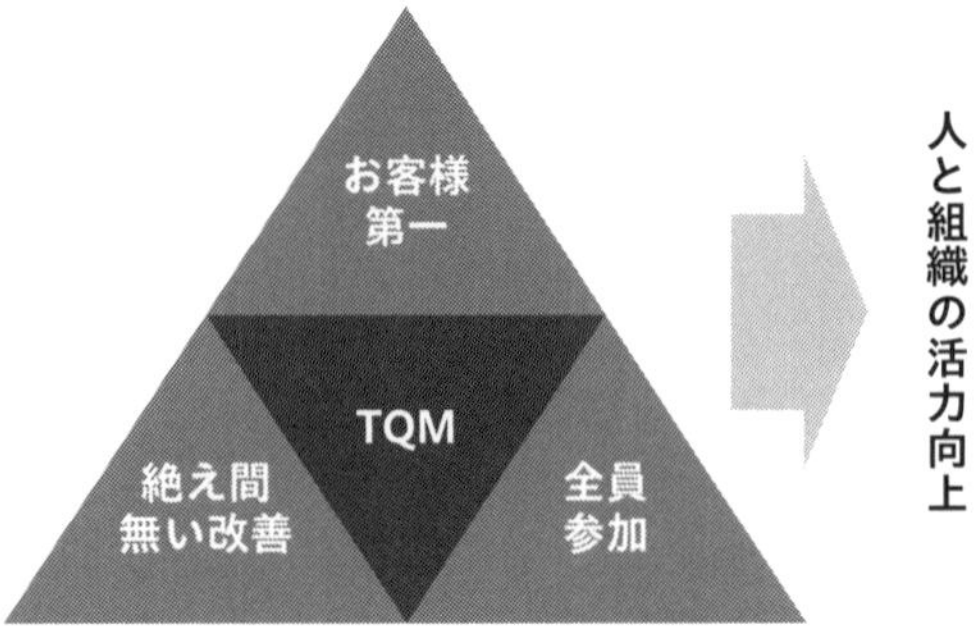

出典：トヨタ自動車「トヨタ自動車 75年史」

この名はアメリカの品質管理の大家である統計学者エドワーズ・デミング博士に由来し、TQMの適切な活用で効果を上げ、将来の発展に必要な能力を獲得していると評価される組織に与えられます。

日本では日本科学技術連盟により運営されるデミング賞委員会が選考を行っており、委員会のトップには経団連（日本経済団体連合会）の会長が就任するのが通例です。

実はメイドーとデミング賞との出会いをもたらしたのは、当時の経団連の会長、すなわち豊田章一郎氏でした。自らが委員長を務めるデミング賞の普及を進めており、過去にはD社やA社といったTier1の大企業が受賞し、品質の向上を果たしていました。

私は歴代のトヨタの社長と面識があり、章一郎氏とも交流がありました。ある日、立ち話のついでに「最近はどこもデミング賞を取ろうとしなくて、困ったものだ。デミング賞を取れば不良品が減り儲かるのに」と言われました。

なにげなく話を振られた私はあいまいに答えるにとどめました。仮にデミング賞を目指すなら高度な技術を習得せねばならず、かなりの時間とコストがかかるのが分かっていたからです。体力のある大企業ならともかく、まさか中小企業にすぎないメイドーに、本気でデミング賞を目指せと言っているわけではないだろうと考え、しばらくは忘れていました。

しかし再び章一郎氏から、その後どうですか、必要なら日本科学技術連盟の専務理事を紹介しますという連絡が私に入りました。私は、どうも本気だったようだと悟り、真剣に考えてみることにしたのです。

世界最高峰の品質管理賞、デミング賞への挑戦

当時はちょうどトヨタの海外向けの車に関して、足回りに用いるハブボルトやエン

ジンのピストン部分を留めるコンロッドボルトといった重要な部品の製造をメイドーが担うようになったタイミングでした。

実はトヨタは自動車の肝になる部品については古くから自社で製作し、外注していませんでした。最たるものがねじで、メイドーをはじめとした下請けで受注できるのは内装やボディなど走行とは直接関係ないねじに限られていました。それだけ安全性に重きを置いているのです。しかしそれでも、海外生産用のねじを初めてメイドーに任せてくれたというのはまぎれもない信頼の証であり、それに応えねばなりません。

万が一ハブボルトやコンロッドボルトで不良品を出せば、事故につながる可能性すらあり大変なことになります。だから絶対に不良を出さぬようなモノづくりをしなければならぬと、私は気を引き締めていたところでした。

そのための仕組みづくりに、デミング賞が一役買ってくれるのではないか、投資をするだけの価値があるのではないか……。私は次第にそう考えるようになりました。社長の裕恭にしても、モノづくりに対し誰よりも熱い思いをもっていますから、反対するはずはありませんでした。

私は豊田章一郎氏から紹介を受けた日本科学技術連盟の当時の専務理事と連絡を取

り、デミング賞について詳しい話を聞き、賞を取るなら最低でも5年くらいの時間はかかり、予算としては数億円ほど必要になりそうだと聞きました。

そんな時間と予算をかけたら中小企業は潰れます。私は日本のモノづくりの95%は中小企業が担っているのに、大企業以外はお呼びじゃないということですか、(デミング賞委員会は)我々中小企業の立場からみたら「上から目線」のように感じますがと、専務理事に問い直しました。専務理事は何と答えるべきか困っているようでした。

私は会社のオーナーです。受賞が目的ではない、不良品の撲滅につながる全社的な品質管理の方法を学ぶという実が欲しい、3年やって仮に受賞できなくても、社員教育の実は残るはずだから3年間でチャレンジさせてほしいと伝えたのです。私が尊敬する章一郎氏の本意も同じだと思ったのです。

専務理事はその場では答えを保留としました。しかし後日改めて、日本科学技術連盟の側で3年間で達成するためのスケジュールを組んでくれたのでした。

中小企業が、3年という短期間でのデミング賞獲得を目指すという前例のないプロジェクトが動き出したのは2008年3月でした。

品質は、工程によって作り込む

まず行ったのが会社の現状とデミング賞の合格基準とを比較し、課題をあぶりだすことでした。そのうえでTQMのコンサルタントのもと、課題を一つひとつクリアしていきました。

当時のメイドーに足りなかったものは、例えば社員たちの作業の標準化でした。それぞれが自分なりのやり方で仕事を進めていた部分が多くあったため、各自のノウハウを文章化し、作業手順書や作業要領書などを作成して基準を統一しました。また、自らの工程を完璧に遂行し、次の工程に不良品を流さないという「自工程完結」の考え方を徹底し、不良品のさらなる減少を目指しました。

このような取り組みは、もちろん通常の業務と並行して実施されていました。いくら残業代がつくとはいえ、コンサルタントへのプレゼンテーションのために徹夜で資料を仕上げねばならないなど負荷が高まり、ただでさえ忙しいのになぜこのようなことをやらされねばならないのかと苦情が出ました。

確かにTQMを行うための改善活動は、全体を俯瞰して見なければなぜ自らの業務にそうした改善が求められるのか分からない場合があります。デミング賞に向けての改善でも、最初は多くの社員が何のためにするのか理解できぬまま、とにかく指示された内容を必死にこなしていたと思います。改善が終盤に差し掛かり、全体の絵が浮かび上がってきた段階でようやく「あの時の修正はここに通じていたのか」と腑に落ちるものですが、逆に初期には苦情が出やすいものです。そうして社内に不協和音が生じても、プロジェクトは進行していきました。3年間で達成するには、ある程度の無理が必要だったのです。

デミング賞を目指してから半年後に、思いがけないことが起こります。

2008年9月、アメリカの有力投資銀行グループであったリーマンブラザーズの破綻が引き金となり、世界的な金融危機が起きました。いわゆるリーマンショックです。

その高波は自動車業界をもとらえ、一気に自動車が売れなくなりました。トヨタでも大減産に突入し、メイドーの生産量も最大で前年同月に比べ6割も減少しました。しかし、大不況の際じたばたしても仕方ないというのは、過去の経験からも明らかでした。そして無借金経営を続けていれば、いくら不景気になってもいきなり倒産の危機にはならないものです。

実際にメイドーでは、生産量が大きく減っても、当時350人ほど在籍していた期間工をただの一人も解雇することはありませんでした。うちの会社は大丈夫かと不安がる社員たちに対し、私は「こんなことでメイドーは潰れない！　誰も解雇する必要はない」と指示し、これまでの体制を維持しました。そして、むしろ社員たちに時間ができたことでよりデミング賞に本気で取り組めるようになると発想を転換し、TQMにより集中しました。ここでペースアップができたのが、短期間での受賞につながった大きな要因となったのは、間違いありません。

このような経緯で、メイドーの社員たちはデミング賞へのチャレンジをやり抜きました。2010年10月、予定よりも半年早くデミング賞実施賞を受賞できたのでした。

取り組みの成果は、実は受賞前の段階ですでに表れていました。不良品の数が、それまでの10分の1以下にまで減少したのです。それに加え、生産設備のトラブルで一時的に設備や生産が停止する「空転ロス」も半数に減りました。

また、受賞の前後で、「品質は工程で作り込む」という発想が全社的に根付いてきたのも大きな財産でした。製造現場では、自らの工程を完璧に遂行して次の工程に不適合品を流さないという自工程完結の意識が高まりました。最も多いクレームである「別の種類のねじの混入」についても、全製品を混入選別機にかけるなど新たな仕組みも導入されました。

品質改善のための会議もトップを交え毎週開催されるようになり、そこでは不良が出た真の原因の追究と改善策の発案が繰り返されてきました。

あらゆる改善で不良を予防しようというTQMの考え方だと、結局はあらゆる部門が連携して取り組まねばなりません。そのため会議には、全工場長と部門長が参加し互いに活発な議論を交わすなかで、組織としても風通しが良くなっていきました。例えば営業部は、それまで顧客と製造部のやり取りのパイプ役という側面が強かったですが、デミング賞をきっかけに営業担当者の意識に変化が起こりました。自らの活動も不良と結びつくものであると理解し、いざ不良品が出ると製造部と一緒に顧客のもとへ謝りに行き、原因と対策を探すようになったのです。

デミング賞へのチャレンジを通じ、メイドーは品質管理の本質をつかみ、会社は大きく変わりました。コストの大きな削減という実利も得られ、そうして浮いた資金を最新設備の導入や海外展開の予算に回すことができたのが、のちの成長にもつながりました。

以前からこつこつと続けてきた改善活動の成果がデミング賞という壁を超えることにより一気に花開いたのです。品質改善に近道はありません。毎日愚直に改善活動を積み重ねていくことでしか品質の向上は成せず、賞は活動継続のためのモチベーションとして活用すべきものであり、特効薬とは違うと考えておくべきです。

章一郎氏は受賞後、当社の2工場を訪問されて受賞を喜ばれ、色紙に「品質第一」と記帳してくださいました。その色紙を見るたびに章一郎氏の「品質」に対する強い思いを感じます。その後はトヨタ系の会社が次々とデミング賞に挑戦することになりました。

トヨタの下請け500社のなかで、2年連続MVPを受賞

デミング賞を獲得したものの、裕恭には一つ疑問がありました。世界最高峰の賞が

獲れる会社が、なぜ身内であるトヨタの品質管理賞をここのところ受賞できていないのかということです。

品質管理賞からは1992年の受賞以来遠のいていましたが、競合メーカーが続々と受賞するなかで、トヨタと付き合いの長いメイドーが一度きりしか取っていないのはおかしいのではないかと、裕恭は考えるようになりました。

トヨタ品質管理賞は、トヨタの仕入れ先に対し品質管理活動を浸透させるための制度です。ルーツをたどると、1965年にトヨタがデミング賞を獲得したことに端を発しています。受賞までに得た知識や経験を関係会社に伝え、サプライヤーも含めた品質管理活動を展開していくために1969年に創設されました。

当初、優良賞は会社方針、品質保証、生産性の向上の3項目について審査され、その上の優秀賞は経営の長期方針を加えた4項目で審査されました。その後、1971年からは、両賞とも審査項目に原価管理と技術開発（専門メーカーのみ）の2項目が追加されています。これらの基準をクリアした仕入れ先が年に一度集まり、トヨタ社員から表彰を受けます。

なぜメイドーがしばらくこの賞が取れなかったのかというと、トヨタとの関係性が深く、取引が広範囲に及んでいたというのが理由の一つでした。納める部品の品番は3500に及び、別の製品が混ざり込む異種混入が多く発生していました。たとえねじ1本であっても異種混入があればそれで「不良件数1」とカウントされますから、なかなか評価基準を満たせなかったのです。

作る側にとっては何百万、何千万と作る製品のたった一つであっても、車を買う人にとってみれば自分が買った一台がすべてです。異種混入が起きるような管理体制では、必ず製品の不良も出てきます。

それを放置しておいていいはずがないと裕恭は判断し、2011年にトヨタ品質管理賞に改めてチャレンジすると朝礼で発表しました。

当時の賞の審査基準を調査したところ、製品品質だけではなく品質を確保するためのプロセス管理ができているかどうかが審査基準に入っていることが分かりました。顧客の立場からすれば不良はゼロで当たり前という世界です。撲滅はもちろん、今後も安定した生産を続けられる裏付けとなる行動がなければいけません。

メイドーではすでにデミング賞に向けた取り組みを通じ、品質管理の体制はすでにほぼ整っていましたが、それを社外に発信するようなことはしていませんでした。

そこで審査員であるトヨタ自動車の各工場の品質管理部長や室長を当社の工場に招聘し、「こういう管理をしているから不良は出ませんし、万一出ても後工程には流れません」と現場でアピールをしました。

そのほかにも、高い品質を支える裏付けになり得る新たな活動に動きます。

それが「宝の山市活動」です。

この活動では発生した不良を品質向上につながる「宝」ととらえ、改善によってさらなる成長を目指すものでした。毎週金曜日に、ここ一週間で発生した不良と何が原因かの情報を共有し、自部署だけではなく組織横断的に解決策を考えます。時には不良が出たときの状況を再現するなど徹底して原因を追究し、特定できたら海外も含む全工場で展開、総点検をしました。

不良を撲滅し品質を裏付ける活動をトヨタの担当者に伝えた結果、２０１１年度にはトヨタ品質管理優秀賞を受賞することとなります。以来メイドーは6年連続で優秀賞を取り続け、２０２1年度からは2年連続でトヨタ品質管理優秀賞ＭＶＰを受賞しています。ＭＶＰは５００社に及ぶ仕入れ先のなかで最も品質管理に優れた会社に与えられるもので、メイドーの改善活動の成果がここに極まったといえるのです。

PART 3

技術革新なくして新製品は生まれない

次世代自動車の誕生を支えるために技術を磨き続ける

5つの技術工程を経て生まれる、最高のねじ

〝メイドー品質〟を支える重要な要素の一つとして、技術があります。

メイドーでは常に新たな投資をして最新鋭の設備を導入するとともに、より精度の高い製品を安定して作り続けられるよう、生産技術を磨いてきました。

現在、メイドーではさまざまな部品を製造していますが、まずはねじを例に挙げます。

工程1：形状成型

ねじの原料である合金鋼のワイヤーを機械で一定の寸法に切断し、金型の間にワイヤー片を押し込んで、ねじの形に成型します。その形状にもよりますが、1〜4つの金型を使い、段階的にねじの軸となる部分から頭部まで成型していきます。なおこの金型による変形は、熱を加えず常温の状態で行います。これが「冷間鍛造」という技

術です。

冷間鍛造によって、切削をせずに成型が可能となり、原料を無駄なく使いきることができます。また、ねじだけではなく金型を使って成型できる部品なら基本的にはなんでも作れますが、メイドーで生産しているような複雑で高精度な製品を加工するには、より高い圧力をかけられる大型の鍛造機が必要となります。

工程2：ねじ転造

形状は整いつつもまだらせん状のねじ山がついていない状態の素材に対し、ねじ山をつける工程です。ねじ山の形状をした工具の間に素材を挟みこみ、押し付けながら転がしてねじ山を作っていきます。これを転造加工といいます。

なお転造加工には、ダイプレート式、ロータリー式、丸転造式という三つの方法があり、ねじの種類によって適した方式が変わってきます。メイドーではすべての転造加工機を所有し、どのようなタイプのねじにも対応できる体制となっています。

工程3：機械加工

冷間鍛造ではどうしても成型しきれない部分については、切削機械を使い削り取ります。メイドーでは、回転する台に素材をとりつけ、プログラム制御された工具を押し当てて削っていくNC旋盤装置をはじめ、いくつかの加工機械を所有しています。冷間鍛造で成型した素材の内側に、雌ねじ（円筒状の穴の内表面にねじ溝をつけた、受け側となるねじ）を成型することも可能です。

工程4：熱処理

完全にねじの形が整ったあとは、加熱や冷却によって素材の性質を変化させ、より硬く、粘り強くする熱処理の工程に入ります。

具体的な処理方法としては、900度近い高温炉で加熱したあと、60～80度の焼き入れ油に落として急冷することで組織の変性がおき、より硬くなります。ただしそのままではもろいので、次に400～600度の焼き戻し炉で再加熱し、冷却することで、適度な硬さと粘り強さを持ったねじが作られます。この硬度と弾力のバランスの調整が、ねじメーカーの腕の見せ所です。

工程5：表面処理

金属を加工しただけの状態のねじは、そのままだと次第に錆び、もろくなっていきます。この錆びは、ねじをはじめあらゆる部品の天敵です。例えば海沿いやスリップ防止の塩がまかれた道路など、特に金属が錆びやすい環境はいくつもあり、そうした場所で使っても錆びることなく強度を保てねばなりません。そこで必要になるのが、表面処理です。

表面処理技術としては、ねじの表面に薄い金属の膜を形成するメッキ処理が最もよく知られています。メイドーではそのほかに、自社グループで技術特許を持つジオメット処理も導入しています。ジオメット処理では、皮膜の主成分の亜鉛と、介在の役目を果たすクエン酸を含んだ処理液にねじを浸したあと、焼き付け炉中で約360度に加熱することで強力な皮膜が形成されます。その防錆能力は従来のメッキ処理の5〜

10倍という圧倒的な性能を誇ります。

そうした防錆表面処理とあわせて、「摩擦係数安定剤」を塗布します。これは樹脂製の皮膜であり、塗布することでねじのゆるみや切断のリスクを低減し、しっかりと締まり、かつスムーズに取り外せるようなねじが完成します。

高品質なねじを量産できるのが技術の証明

このようにねじの加工にはさまざまな工程が必要となりますが、ねじの形自体は工作機械があれば個人でも製造でき、職人が丁寧に作業をすれば精度の高いねじを作ることも可能です。つまり高精度なねじを1本や2本作るのは、そこまで難しくはないのです。そのほかの工程も機械さえそろえれば、メイドーがトヨタに納めているものと同程度の品質のねじを作れるはずです。

それでもメイドーは生産技術において業界でトップクラスといわれます。

なぜかというと、「性能の高いねじを、高速で安定して作り続けられる」という点に技術力が表れるからです。それが備わっているからこそ、自動車メーカーからの何千本もの発注を期限内にしっかり納められるのです。

例えばねじを1000本作る際、そのほぼすべてにおいて設計図との高低の誤差が0・01ミリメートルに収まっているなら、それは高い生産技術の表れです。

こうした技術の裏には、さまざまな工夫が存在します。

例えば、金型の扱い方についてです。現代のねじ量産技術の主流は、本体にらせん状の溝を削っていくのではなく、金型を使って圧力をかけて金属を成型していくものです。ただこの金型は長く使用するほど摩耗するもので、次第に寸法に誤差が生じたりするようになり、結果として製品のばらつきが生まれます。ばらつきを減らすにはこまめに金型を取り換える必要がありますが、金型というのは基本的にはかなり高価で、交換するほどコストが跳ね上がっていきます。

したがって生産にあたっては、金型が摩耗や損傷するまでは使い続け、精度の低いねじが一つ出た瞬間に金型を変えるという流れが理想的です。

金型を使い続ければいずれ必ず不良が出ます。そして精度が落ちたねじは廃棄処分となりロスが発生しますから、不良発生のタイミングをいかにとらえるかがポイントとなります。

メイドーではねじを100本ほどの小ロットに区切って、その都度サンプル検査を行ってきました。異常が見つかればすぐに金型を確認し、問題があれば補修、交換します。

細かな検査を実施すると仮に不良品が出てもそれを流出させずにすみ、かつそのロットの製品のみを廃棄すればいいので損失は最小限に抑えられます。

ちなみに近年は作業の徹底した標準化により、誰がやっても同じ生産レベルが保てるようになっています。過去には金型を装着するたびに調整が必要で、試しに製品を作り問題があれば金型を微調整するという作業が発生していました。そしてこの調整時間に熟練者と新人との差が出ていました。

それを標準化すべく取り組んだのが、金型の設計の工夫でした。ただはめるだけで寸分たがわぬ位置に収まるため細かな調整は不要で、実際にあらゆる冷間鍛造がほぼ無調整で行えるようになっています。

冷間鍛造技術を活かし、自動車小物部品に進出

メイドーの生産技術の歴史で最も革新的だった出来事の一つとして挙げられるのが、冷間鍛造品の製造を始めたことです。

1991年、私主導で1億円の投資をし、5段階で加工ができる最新の冷間鍛造設備を購入したのが、始まりでした。

そのきっかけとなったのは、トヨタ自動車元副社長の大野耐一氏でした。大野氏がカローラの量産工場であった高岡工場の工場長を務めていた時代、私は機会をみてはその事務所を訪問し、お茶を飲みながら交流を図っていました。大野氏はボルトだけでは発注量に限界があるから、切削から冷間鍛造に今後移行していくだろうと語り、冷間鍛造品を手掛けていくことを提案したのです。

ねじだけに頼らぬ事業展開は私の元来の望みでもありました。冷間鍛造の技術自体は1950年代からありましたが、当時は金属加工の主流はまだまだ切削でした。ただ、切粉が出ず歩留まりも良く、加工スピードも速いこの技術に、私としても将来性

を感じていました。冷間鍛造技術を磨き、ねじだけではなく自動車小物部品の受注を獲得していくことを新たな柱とするというのが、大野氏に背中を押され、私が思い描いた未来のビジョンでした。その未来のビジョンに向け、具体的に動き出すには数年の歳月を要しました。

しかし、実際に設備投資をしたものの、実は機械が設置された段階でも受注の目途が立っておらず、技術者すら満足にいなかったのです。冷間鍛造という技術の具体的なメリットを挙げると、切削を行わずにプレス加工で成型することから、切削加工に比べ3割ほど歩留まりが良くなります。生産性も10倍以上高く、量を作るほどコストダウンが可能です。大きさに限りはありますが、さまざまな部品を高い精度で製造できます。

デメリットとしては、金型を含み設備投資がかさみ、小ロットでの生産には向かないため大量生産を前提としなければならないということがありますが、その点さえクリアできるなら、強力な武器となる技術といえました。

しかし、いくら性能の高い武器を持っていても、それを使いこなせる人間がいなければ、力は発揮されません。事業展開していくにあたり、冷間鍛造技術のスペシャリストが必要です。

そこで白羽の矢が立ったのが、当時製造部の係長の立場にあった裕恭でした。裕恭は大学卒業後から、別会社で冷間鍛造に従事したキャリアの持ち主であり、まさにうってつけの人材といえました。とはいえ裕恭以外に、ノウハウを持った社員は一人もいません。まずはその技術を学んでもらわねばなりませんでした。材料や金型、副資材の手配から生産まで、あらゆることが手探りで、裕恭は生産現場に通い続け、油と汗にまみれて試行錯誤しながら、すべてを進めていきました。

結果として事業がなんとか軌道に乗るまで、5年ほどの時間を要しました。こうして冷間鍛造事業は次第に伸びていきますが、裕恭はすでに次のステージを見つめていました。

「アメリカでは人材の流動性が高く、きっと日本もいずれそうなる。これまでのように、新卒からコストをかけて職人を育てるような方法では、きっと国際競争で勝ち残れない。誰がやっても同じ精度が出せるよう、設備や仕組みを整えていく必要がある」

そうして裕恭は、TPMをメインとした設備保全活動に一層力を注ぐとともに、作業の標準化を進めていったのでした。

工場改革により、生産リードタイム24時間を実現

高い生産技術、最新設備、そして標準化――。

これらの効果をフルに活かすのに重要となるのが、工場の設計です。1964年に完成した豊田工場（現本社工場）の操業以来、メイドーでは製造のあらゆる工程を同じ場所で行う工場一貫生産にこだわってきました。

実はねじ業界で工場一貫生産ができる会社というのは、当時ほぼありませんでした。成型、転造、加工、熱処理、表面処理といった工程について、それぞれを専門とする中小企業が連なって一つのねじを完成させるのが一般的でしたが、発注側であるメーカーの立場からすると、関わる会社が多いほど手間がかかり品質のコントロールも難しくなります。したがって工場一貫生産がメイドーの競争力を高める武器となっていました。

ところが生産量の増加に対応すべく、設備や建屋を増設していくなかで課題が出てきました。製品が建屋を行き来するようになり、間の運搬や出荷までの工数にロスが

発生するようになっていたのです。

そこで経営陣は藤岡工場への冷間鍛造品製造の集約を行うとともに、近隣に三好工場を建設して敷地不足の解消を図りました。

三好工場の建設にあたって、社内には反対もあったといいます。建設当時、トヨタは生産拠点の分散化を進めており、その進出先のそばに工場を建てていくほうがいいのではないか。そんな意見もありましたが、「近隣に本社工場のロスが解消できる工場を作る」という経営陣の決意は揺らぎませんでした。

三好工場の設計にあたってはエンジニアであり工場の現場をよく知る裕恭が、自らレイアウトを担当しました。

その際に掲げた目標が、「生産リードタイム24時間」です。

それまで本社工場では、ボルトの原材料を製造に投入してから検査を経て製品として出荷するまでにかかるリードタイムが、最短でも3日はかかっていました。それを三分の一に縮めようというのですから、かなり挑戦的な目標です。実現のための具体的な手段としては「ワンフロア完結生産」「スルー生産（停滞ゼロ）」「見える化」の三つを定めました。

工場一貫生産からさらに一歩進んだワンフロア完結生産は、素早く次へと進めるよう順番どおりに設備を整列させることで可能としましたが、レイアウトの工夫だけではリードタイムの大幅な短縮は叶いません。

そこで「生産時間実績確認表」による工程ごとの滞留状況の見える化や「滞留時間低減チェックシート」および「在庫削減活動シート」を用いた滞留原因の追求など、新たな仕組みを導入するとともに、リードタイム短縮の達成状況を毎月フォローし、生産管理部と製造部が一体となって目標達成に向かいました。

それとあわせて材料在庫の削減にも努め、資材発注システムを見直して必要最小限の材料発注の仕組みを強化し、従業員の在庫削減意識の向上を図りました。このような取り組みによって生産が整流化されたことで、三好工場ではついに生産リードタイム24時間を現実のものとしました。以降、三好工場はメイドーのフラッグシップ工場となり、そのレイアウトや仕組みが横展開されていきます。

現在も三好工場では、主力製品であるボルトの生産を担い、月に6000万本が製造されています。そのなかにはエンジンボルトやハブボルトなど重要機関で用いる製品も含まれています。工場横には展示室が設けられ、メイドーの製品群や技術を社外へと紹介するとともに社員たちに自社のボルトがどのように使われているかなどを教育する場ともなっています。

工場は外部の人に見てもらうべきである

工場づくりに関していうと、私は幹部や営業部員たちに、よく「外部の人に工場を見てもらいなさい」と伝えています。

その理由は二つあります。一つは、従業員が勤務したり機械が稼働したりする様子が見た人の記憶に残ることで、工場を見ていない他社よりも愛着が湧くはずだからです。実際、私自身も数十年前に見た他社の工場の様子がはっきりと記憶に残っています。

もう一つは、工場は人に見られることによってきれいになるからです。例えるなら、女優が常に他人から見られることによって自分を磨き上げてきれいになっていくのと同じです。見た目として清潔感が保たれるのはもちろん、誰かに見られているという意識を従業員がもつことで現場に良い緊張感が生まれる効果もあると思います。

また、私は同業他社であっても工場内を見せてよいと思っています。他社に工場を見せることで業務上のノウハウが盗まれるのではないかと心配する幹部もいますが、私自身は一度見ただけで分かるようなものではないと自負しています。仮にノウハウが盗まれてしまうことがあっても、その時はまた相手の先をいけるよう努力し、自社のさらなる成長につなげればよいのです。

このような方針だったこともあり、特にデミング賞受賞後は国内外から工場見学希望者が毎日のように訪れ、工場案内専属のスタッフが必要になるほどでした。見学した人たちからは開口一番に「工場がきれいだ」「どうすればこんなにきれいになるのですか?」と言われました。同時期にはトヨタの名誉会長だった豊田章一郎氏が三好工場と藤岡工場を見学され、「トヨタの工場よりきれいだ」と言ってくださったことも印象深い出来事です。

技術の粋を集めた、メイドーの製品群

メイドーの技術の粋を集めた製品群には次のようなものがあります。

【タフフランジボルト&ナット】

フランジと呼ばれる薄い円形のつばがねじ頭部の底面にくっついたフランジボルトおよびナットは、接触面積が大きいことでねじの頭部が陥没するのを防ぎ、ゆるみづらいのが特徴といえます。そのフランジの構造を工夫してより剛性を高めたのが、タフフランジボルトとナットです。冷間鍛造による成形のステップを減らしたことで製造コストを15%削減し、高性能と低コストを両立させた、メイドーの技術が詰まった製品です。

【切欠きeガイド】

ねじの受け側となる雌ねじは、厚膜塗装や溶接スパッタなどの異物がこびりついていると、締め付けが甘くなり、ねじが正しい性能を発揮できなくなります。また、電動機などで締め付ける場合､異物が原因でねじと雌ねじの間で摩擦による熱が発生し、その熱によって接続部が膨張、密着して動かなくなる「焼き付き」が起こることもあります。それを防ぐために開発したのが、切欠きeガイドです。ねじに刻まれた異物除去刃により異物をボルト先端部へ排出しつつ締め付けていく構造で、異物は雌ねじから排出されます。また、適正な挿入角度よりも斜めに曲がった状態でねじが締まる「斜め入り」も焼き付きの主な原因の一つですが、誤って斜めに挿入された際にも自動で角度が適正に修正されるような先端形状となっているのも特徴です。

【eトルカー】

ボルトを締め付ける際に最も重要となるのが摩擦係数です。ねじと雌ねじの間の摩擦係数が安定していることで初めて、ボルトはその強度を最大限に発揮できます。そこでメイドーでは独自の表面処理剤である「eトルカー」を開発しました。この表面処理剤を塗布することで摩擦係数のばらつきが小さくなり、適正に締め付けられた状態でねじが安定します。eトルカーの活用によってねじの性能が最大限に発揮できるようになると、より細いボルトの採用やボルト自体の本数を減らすなど、軽量化、低コスト化にもつながります。また、下地の表面処理を守る効果もあり、ジオメットなどのメッキの上に塗布することで防錆能力が飛躍的に向上します。

これらはメイドーの持つ技術の一例にすぎず、ほかにもいくつもの独自技術を開発し、トヨタ自動車をはじめとした大手自動車メーカーに採用されています。トヨタ自動車を例に取れば、現在３５００品番のねじを納め、補給品等も含めれば約６０００品番にものぼります。

１台の車はおよそ3万個もの部品で成り立っており、そのうちねじは１３００〜２５００本も使われています。タイヤからエンジンまで、あらゆる部品をつなぐ存在がねじであり、ボルトの剛性が自動車の走行性に影響を与えることもあるほどで、まさに縁の下の力持ちです。もしねじの性能に問題があって、破損やゆるみが出てしまえば、大事故につながる恐れもあります。

したがってねじメーカーでは、質の高い製品を途切れることなく大量に安定生産できる技術が最も重要です。メイドーのメインパートナーであるトヨタ自動車は、世界最高水準の品質の車を生産しているメーカーであり、ねじの品質についても厳しい品質管理を行ってきました。トヨタ自動車のＴｉｅｒ１企業として長年それに応え続けてきたメイドーの技術もまた世界最高水準にあると自負しています。

自社の発展だけではなく、同業他社との「共存共栄」を考える

　このようにメイドーはねじづくり技術の向上を日々模索しているのですが、自社だけがよければ他社のことは関係ない、と考えているわけでは決してありません。むしろ、同業他社とともに成長していく「共存共栄」を目指さなければ、ねじ業界全体の発展にはつながらないと考えています。

　私がこの考えに至ったのには、父の考えに影響を受けたことが非常に大きいです。父は自社の代表だけでなく、日本ねじ工業協会の副会長を長らく務めており、業界の発展に尽力した人でした。

　父がねじ業界の「共存共栄」を考えていたことについて、私の記憶に深く刻まれている一つのエピソードがあります。１９７０年代後半頃、地元でなじみのあった自動車メーカーのＭ工業から、メイドー（当時は明道鉄工所）に対して大量のボルト作成の見積もり依頼が届きました。当時Ｍ工業は隣の市への進出を図っていた時期で、常

務だった私はこれを新たな商機だととらえ、喜々として社長だった父に報告しました。ところが、父は私の報告を聞くや否や「やめておけ」と一蹴したのです。

その返答の意図が分からなかった私が理由を尋ねると、父は「相手は本気で発注する気はない。今の取引先に、購入価格の引き下げを要求することが狙いだろう」と説明しました。新技術で勝負するのであればよいが、安売りによって同業他社の商権を奪おうとすることは不要な価格競争を招き、結局はねじ業界の健全な成長発展を阻害するだけである――父の真意をしっかり理解したうえで、私はM工業に見積もりを提出しました。

こうした父の教えを受けたことが、自社の損得だけで物事を判断せず、業界全体にも目を向ける必要があるという意識につながっているのです。

PART 4

MADE IN JAPANの自動車がグローバル市場で勝つために

海外の生産拠点を築き、スピーディーな納品でサポートする

国内産業の空洞化により、進んだグローバル展開

現在、日本の自動車は世界市場を席巻しています。2023年上期の自動車メーカーの販売台数では、トヨタが約541万台で3年連続の世界1位の座を守り続けています。

このような地位を築けた理由の一つとして、日本の自動車産業がかなり早い段階から世界市場へと進出し、経験を積んできたことが挙げられます。

日本の自動車産業の黎明期には、国内を走るほとんどの車はアメリカからの輸入車であり、日本のメーカーは海外のメーカーから車づくりの技術を学んでいきました。そのため自然と経営者の視線が海外に向きやすい土壌にあり、トヨタにしても自動車の輸出自体は1950年代から行っています。最初こそ国産車の性能はアメリカやヨーロッパのメーカーの足元にも及びませんでしたが、次第に技術を高め、競争力をつけていきます。

そして1970年代に入ると、状況は大きく動きます。

図6　世界新車販売ランキング

2023年1〜6月　グループ別世界販売台数	
トヨタグループ	541万台
フォルクスワーゲングループ	437万台
現代自動車・起亜	365万台
ルノー・日産・三菱	320万台

出典：日本経済新聞 電子版「BYD、初のトップ10　上期の世界新車販売　中国勢、EV で台頭」（2023年）

当時、すでに各国で問題になっていたのが、自動車の排気ガスによる大気汚染でした。その対策としてアメリカでは1963年に「大気浄化法」、そして1970年にはより厳しい排ガス規制法が盛り込まれた「マスキー法」が成立しました。

マスキー法は、CO（一酸化炭素）、HC（炭化水素）、NOx（窒素酸化物）といった有毒な排気ガスを従来の十分の一まで抑えるというもので、世界の大手自動車メーカーはそのあまりの厳しさに達成不可能という見解を出しました。そしてアメリカでは、長らく市場を独占してきた自動車メーカーの「ビック3」（GM、クライスラー、フォード）による強烈なロビー活動などもあり、マスキー法の実施が延期されることになっていきます。それまでのアメリカでは、パワフルなV8エンジンを搭載し、排気量も大きい大型車が市場を席巻し、ビック3もそうした車を主軸としてきました。そうしたメーカーにとって排ガス規制は自社の存在を脅かす強力な逆風となるもので、なんとか実施を防ごうとするのは理解できます。

ただし、世の趨勢はすでに排ガス規制に向かっており、真逆に位置する大型車の人気はアメリカでも次第に落ちていきます。代わって伸びてきたのが日本やヨーロッパの小型車でした。

極めつけだったのが、1972年にホンダから世界市場を見据えて発売されたコンパクトカー「シビック」です。実はこの車には、到底不可能と思われていたマスキー法の排ガス規制を世界で初めてクリアした「CVCCエンジン」が搭載されていました。その後、トヨタ自動車をはじめとした日本の自動車メーカーも続々と規制を満たす車を発表し、日本車は世界一クリーンな車として評判を高めていきます。排ガス規制という自動車産業にとっての逆風に対し、日本のメーカーは真摯に向き合った結果、世界のどこにもないクリーンな車を作る技術を習得することができたのです。

また1973年、1978年に起きた二度のオイルショックも、小型で燃費が良い日本車の追い風となりました。結果として1980年には、アメリカ国内で販売されるあらゆる自動車のなかで日本車のシェアが20％を超えるところまで成長しました。

その後、いわゆる貿易摩擦の問題から、対米自動車輸出の自主規制が行われるようになり、輸出の拡大も一服します。

しかし日本車に対するニーズ自体は変わらず残り続け、ビジネスチャンスはまだまだありました。輸出規制を避けつつ自社の車をアメリカに売るには、現地で生産するしかなく、日本のメーカーがアメリカに工場を建設するようになります。

日本国内の自動車生産量のピークは1990年の1390万台ですが、輸出台数では1985年の673万台が最も多くなっています。それ以降は、輸出は減少傾向が続き、代わりに海外生産量がどんどん増加していきます。このあたりが、輸出から現地生産へと切り替わっていくターニングポイントであったと見ることができます。

ただ、そうして生産拠点が海外に移り国内での生産量が減っていくと、国内向けに部品を作っていた下請け企業が苦しみだしました。それまで増産に次ぐ増産に対応すべく拡大してきた生産能力が、一転して過剰となり経営の維持が難しくなったのです。

こうして生産拠点の海外進出に伴う国内産業の空洞化は、自動車だけではなくさまざまな分野で問題となったものでした。

下請け企業のなかには生き残りをかけて自らも海外へと進出していったところもいくつもあり、メイドーもまたその流れのなかでグローバル展開へと舵を切っていきます。

トヨタとしても、ライバルのM工業が事業規模を拡大していたことに危機感をもっていたようです。当時のトヨタの社長である豊田英二氏から、私に「トヨタの車はアメリカで売れるけれど、メイドーのボルトはアメリカでは売れないだろう。だから、もっと頑張れ！」と言われ、私も「それはそうだろうな……」と認めざるを得ず、苦虫を噛み潰すような気持ちになったのを覚えています。アメリカでボルトを生産することが当たり前になった現在の状況など、その当時は夢にも思っていませんでした。

取引先からの依頼を受けアメリカに進出

メイドーが会社として初めて海を渡ったのは、１９９１年です。

アメリカのインディアナ州で土地と工場を買い、インディアナメタルコーティングを立ち上げました。なおこの社名が示すとおり、最初の海外進出はねじの製造販売ではなく、表面処理事業を通じて行ったものです。

このプロジェクトを進めたのは私で、事の発端はトヨタの系列企業であるA社からの依頼でした。A社は、自動車部品を製造するTier1企業のなかでも最も規模の大きい会社の一つでした。現在の売上もグループ全体で4兆円を超える、押しも押されもせぬ大企業です。海外進出も早く、すでに1970年の段階でアメリカに現地法人を立ち上げており、自社工場も建設していました。

メイドーでは、ナゴヤダクロを通じ国内のA社が製造するブレーキ板の表面処理を請け負っていました。そうした関係性のなかで、ある日私に対しA社の専務から相談がありました。

「アメリカの工場でも表面処理をやりたいんだけれど、現地の企業ではトヨタが要求する品質をまったく満たせないんだ。なんとかナゴヤダクロを、アメリカに出してくれないか」

私は最初断りました。国内と同様の値段ではまったく割に合わないと考えたからです。しかし専務はあきらめませんでした。なんとかならないか、と何度も頭を下げられ、私もついに折れました。ただし、採算度外視で取引をする気はなく、進出する以上はしっかりと利益を出すと明言し、そのためには〇〇円となると伝えました。

さすがに断られるだろうと思いましたが、専務は迷うことなく首を縦に振りました。コストをかけてでも品質に妥協しないその姿勢に応えるべく、私はさっそくアメリカに飛びました。そして検討の結果、インディアナ州への進出を決め、そこで新会社を立ち上げる運びとなったのです。

なお工場が完成したあと、私は直接の取引先となるA社アメリカ法人へとあいさつに出向きました。そこで社長と顔を合わせると、歓迎どころか思わぬ対応を受けます。

「いったい、いくらで取引する話になっているんですか」

社長は浮かない顔で聞いてきます。

「本社の専務とは、〇〇円で話がついています」

私が言うと、相手の顔が引きつりました。

「いくら本社の専務の肝いりでも、この値段ではだめです。うちではこれは出せません」

「それは話が違いますね。うちはもう、工場を建てて会社まで作っています。価格が下がるとなると、予定していた利益が得られなくなる」

するると社長は冷静に言いました。

「もしうちとのビジネスが流れるようなことがあれば、ここまでの投資がすべて無駄になるでしょう。それでもいいのですか」

そこで私は、毅然と言葉を返しました。

「私は明道鉄工所の看板を背負って来ています。たとえ損を出しても、利益の出ない事業をやるつもりはありません。もし買っていただけないというのであれば、アメリカ進出を取りやめるだけです」

そう言って席を立ち、そのまま空港へと向かったのでした。それから3時間後のことです。私のもとに一本の電話が入りました。

「長谷川さん、先ほどはすみませんでした。御社の提示した値段でOKです。ぜひ取引をさせてください」

今思えば、相手の社長も本社からの要求を足蹴にする気などなく、すでに工場建設が済んでいるという状況を鑑み、足元を見てきたのかもしれません。経営者としては1円でもディスカウントできたほうがいいわけで、これは当然の話です。いかにもアメリカらしいといえる強気の交渉術です。

しかし私が一歩も譲らず、本気で進出を止めるつもりであるのを感じ、これはどうにもならないと折れてきたのでしょう。結果としてA社アメリカ法人はその後順調に成長し、ナゴヤダクロも数年ですべての投資を回収して利益を上げることができました。初の海外市場へのチャレンジは、無事に成功したのです。

なお、A社とのやり取りについては、当然トヨタ本社も知っていたはずですが、特に何も口出ししてきませんでした。この頃、トヨタは依然として下請けを大切にしてはいましたが、昔ほど抱え込もうとはしなくなっていました。生産拠点を海外に広げようとしているタイミングで、それに伴い国内の下請け企業への発注量は減少傾向にありましたから、下請け企業においてはトヨタ以外にも取引を広げ、生き残りを図ってほしいという方針だったように思います。

そのためメイドーが表面処理事業という独自分野で国外に打って出たことについて、むしろ歓迎していたのではないかと想像します。

「どうせやるなら、夢のある選択をしよう」

初の海外事業で手ごたえを感じた私と裕恭は、本丸であるボルト事業についてもアメリカ進出を図ります。

1996年、インディアナメタルコーティングに対し新たな投資を行い、ボルトの製造販売を開始したのです。なおこのタイミングで同社は、ライトウェイファスナーズと名称を新たにしています。

ボルト事業の進出に関しては、あらかじめトヨタに断りを入れていました。しかしトヨタ側は、あまりいい顔はしませんでした。加工の一つである表面処理ならともかく、メイドーのボルトはトヨタにとってなくてはならないものです。もし海外市場で問題を起こし、会社が傾くようなことがあれば自社への影響は避けられません。なぜ進出の必要があるのか、海外で戦えるだけの体力などないだろうと諭されました。

また社内でも、反対意見が相次ぎました。事前のシミュレーションで、黒字化の目途が立たなかったからです。次々と反対を表明する役員たちを前に、裕恭はトヨタも今後は生産拠点をどんどん海外へ移していくだろうし、そうなれば国内需要が落ちるのは目に見えているだろうと強調し、今こそアメリカ進出にチャレンジすべきだと主張しました。アメリカ進出は大きなチャレンジだが、メイドーが進出しないなら代わりにどこかの会社がやるだけだというのが裕恭の考えでした。しかし、役員からは損をするのが分かっているのに出ていくというのはどうかと反論が飛んできたのです。

裕恭は相手を静かに眺めて、今は受注の目途が立っていないだけで、チャンスはある、と強調しました。リスクを負わねばリターンは得られない、このまま国内にとどまっても先行きは明るくないのですから、どうせやるなら夢と希望があるほうを取ってはどうかと訴えたのです。

私が表面処理事業を始めたときも、冷間鍛造品を作るための設備投資をした際も、先行きなどどうなるか分かりませんでした。リスクを承知で未知の世界へと一歩を踏み出したからこそ、成功があったのです。最終的にアメリカ進出は社内で承認され、いよいよグローバル展開を進めることになります。

あらかじめ買い手がいる状態で出ていった表面処理事業とは違い、ボルト事業は取引先を探すところから始める必要がありました。第一候補は当然トヨタ自動車ですが、実は当時トヨタ自動車ではボルトの現地調達はやっておらず、国内からメイドーの製品を海外の工場へと輸出していました。他の部品はどんどん現地調達に切り替えているなかで、ねじには慎重だった理由は品質に不安があったからです。

アメリカのボルト事業が軌道に乗らず、大赤字

過去にトヨタ自動車では、ヨーロッパ市場向けの車を海外生産するにあたって、現地のボルトメーカーから調達しようと動いたことがありました。しかしいざ市場調査をしてみると、ボルトの形状は作れるのですが、強度や耐久性といった性能がなかなか向上せず、これではとても採用できないと断念していました。

この苦い経験から、トヨタはボルトに関して、現地調達に慎重な姿勢を取っていました。本来であれば、メイドーが独自にアメリカに出てきて、近くでねじを作るという状況はトヨタにとって願ってもないことであったはずですが、それでも現地の工場で作ったメイドーのねじについて、なかなか採用してくれませんでした。

メイドーとしても品質にはプライドを持っていますから、海外だからといって何か

を妥協することは当然なく、日本とまったく同じ材料、同じ機械を使い、作業も変えずに製造を行いました。それなのにトヨタの品質や製造の監査でなかなかＯＫが出ません。「場所と作業員が違うのだから、品質にもどこかに差があるはずだ」と考えていたようです。

そうして承認がおりずに取引が始まらないことに加え、メイドーとしても原材料の調達をはじめとした現地生産のスキームができておらず、一種類のねじを仕上げるのにも苦労するありさまでした。その軌道修正に日本から人材をどんどん送りこんだため、コストは大きくなる一方でした。

しかしだからといってあきらめてしまえば、海外進出の扉は閉ざされてしまいます。この経験は、のちのち必ず生きてくる。社員の誰もがそう信じ、四苦八苦しつつ踏ん張り続けました。そして、ようやくトヨタから部品採用の連絡が入ったとき、裕恭は胸をなでおろしました。

実際に苦労しながらグローバル展開で求められる知見を体得していったのが大きな財産となっていきます。また、この時期に海外でもまれた人材が、現在は管理職となって各部門の指揮を執っており、グローバル展開の原動力となっています。

ヨーロッパの環境規制で、表面処理事業に暗雲

1999年、裕恭が新社長となって打ち出した「NO.1戦略」において、グローバル展開は最重要の柱の一つとなるものでした。

産業の空洞化によって市場が縮小傾向にあるなかで、売上を1000億円にまで大きく伸ばそうとするなら、海外での成功は絶対条件といえました。

2000年前後で、トヨタは海外の生産拠点をどんどん増やしていきます。メイドーとしても歩調を合わせるべく、ドイツ、中国に新たに進出し、海外市場においても存在感を発揮していきます。

そうしてボルト事業は順調に世界へと拡大していく一方で、当時売上の2割を占めていた表面処理事業に暗雲が漂ったのが、2003年のことです。ヨーロッパで、環境規制の一環として「RoHS（有害物質使用制限）指令」が公布され、3年後に施行されることになりました。そしてその使用制限に、ダクロダイズド処理において欠かせない物質である六価クロムがひっかかったのです。使用許可量は、100グラム

図7　RoHS2指令の規制物質

	物質名	略名	最大許容濃度	用途
1	カドミウム	Cd	0.01wt%	電池・顔料・メッキ材料など
2	六価クロム	Cr(VI)	0.1wt%	メッキ材料・染料・塗料など
3	水銀	Hg		計測用材料・蛍光材料・薬品・接点材料・抗菌・殺菌など
4	鉛	Pb		塗料・顔料・はんだ材料・金属の切削性向上・電池材料など
5	ポリ臭化ビフェニル	PBB		難燃剤・自動車などの塗料
6	ポリ臭化ジフェニルエーテル	PBDE		難燃剤
7	フタル酸ジ-2-エチルヘキシル	DEHP		塩ビ、樹脂、塩化ゴムの可塑剤・接着剤・顔料・塗料など
8	フタル酸ジ-n-ブチル	DBP		
9	フタル酸ブチルベンジル	BBP		
10	フタル酸ジイソブチル	DIBP		

※ RoHS2指令は、RoHS 指令を改正した現行のもので2011年に公布。RoHS 指令で規制されていた6物質に加え、新たに4物質が規制対象となった。

出典：カブク「Kabuku Connect『RoHS2指令の規制物質』」

の製品に0・1グラムであり、それではダクロダイズド処理による製品を流通させることなどできません。

人体にも有害だとされた六価クロムに対する規制は、今後も世界中に広がっていくと考えられました。日本では、国内で車などの製品への使用を制限する法律はないものの、日本自動車工業会が2008年から業界の自主規制として使用を禁止しており、車にも使われていません。

このような大きな流れのなかで、表面処理事業では六価クロムフリーの処理剤を新たに開発する必要に迫られることになります。そこで私は、薬品会社とともに共同開発を進めていきます。なおトヨタ自動車も開発に協力してくれました。

しかし、これまでにない表面処理剤を作り上げるのは一筋縄ではいかず、3年の歳月を要しました。ようやく完成し、実際に表面処理を行った製品を売り出した際にも不具合が頻発し、全数検査をしたうえで出荷せねばならないなど苦労が絶えませんでした。

数々の壁を乗り越えて誕生した新たな表面処理、それこそが現在も事業の主役となっている「ジオメット」であり、海外でも広く採用されている技術となっています。

企業理念の浸透こそ、海外進出成功の鍵

こうして表面処理事業は再び息を吹き返しましたが、今度は海外のボルト事業において課題が浮かび上がってきます。海外拠点が広がっていき、現地で雇用する人材の数も増えていくなかで、メイドーではいっとき、英語が堪能な社長を現地で採用する試みをしました。「郷に入っては郷に従え」ということで、文化や価値観の違う現地の人々をまとめるには、やはりその土地になじんだ人材をトップに据えるのがいいと考えたのです。

それで実際に、まずは歴史の古いアメリカで実行してみたのですが、結果は予想外のものでした。本社生え抜きの人材からトップが交代後、メイドーの生命線である品質が悪くなり、利益が落ちたのです。

そこでメイドーでは、再び本社から生え抜きの人材を派遣してトップに据え、メイドーイズムを徹底して伝えていったところ、次第に品質は改善し、利益も戻っていきました。なぜこうしたことが起きたのかというと、問題の本質は結局のところ日本人

とアメリカ人の価値観の差にありました。

海外進出では現地の従業員の感覚に合わせてモノづくりを進める必要があるとよくいわれます。しかしそうして現地色が強まると、品質や納期、利益に対する考え方もまた現地化していき、日本の本社の基準とずれが生じやすくなります。それを防ぐのに重要なのは、モノづくりのベースにある理念や思い、価値観です。国内海外を問わず、そこが従業員に浸透せぬままに事業を拡大してもうまくいかないのだと、メイドーでは身をもって学びました。

企業の核となる理念や思い、価値観というのは、世界中のどこへ行っても同じであるべきで、その浸透が海外展開を成功させるための一つのポイントであるといえます。当時のメイドーには、自社の核を明文化したものがありませんでした。この経験を踏まえて2021年に制定、発表したのが、42項目からなる「メイドーフィロソフィ」であり、メイドー独自の人材教育の世界共通基盤として機能していくことになります。

PART 5

すべてのモノづくりはヒトづくりがあってこそ

最終製品のために仕事を磨き、
仕事を磨くためにヒトを磨く

メイドーの成長を支えた、人材教育

品質管理、生産技術、グローバル展開と、メイドーがここまで成長できた要素にはさまざまなものがありましたが、それらすべての前提として常に向き合い続けてきたものがあります。

それは、人材教育です。

企業は人なりというのはまさにそのとおりで、企業のあらゆる営みの中心にいるのは人です。人材のレベルが上がらぬ限り、次のステージにはいけません。

組織的に進めるべき人材教育というのは、実務能力の上昇を目指すというより社員たちの意識のレベルアップに重きを置くべきであるというのがメイドーの理念です。

品質管理を例にとるなら、不良品が発生する理由のほとんどはヒューマンエラーです。いくら最新の設備を入れて、誰がやっても同じようにできるよう仕組みを整えても、機械の説明書に従わなかったり、定められた手順を守らなかったりする人が出ては、不良を撲滅することはできません。メイドーの代名詞ともいえる改善活動も、まずは社員たちに目の前の課題を発見しようとする気持ちがなければ、改善点の把握すらできないのです。

これらすべては結局、社員たちの意識の問題によるところが大きく、社員たちのモチベーションが高まり責任感をもって仕事をするようになれば、不良品はほぼ消え、より効果的な改善活動が取り組まれるようになるわけです。

メイドーではその時々で工夫しながら、意識改革に焦点を当てた人材教育を進めてきました。デミング賞をはじめとした賞への挑戦も、その工夫の一つです。高い目標に向かって努力する過程で仕事に対するモチベーションが上がり、その壁を乗り越えたときには自信を獲得し、より誇りを持って日々の業務に取り組めるようになるのです。

現在のメイドーで人材育成の教科書となっているのが、メイドーフィロソフィです。メイドーがグローバル展開に舵を切り、世界各国へと展開していくなかでさらに重要性を増してきたのが、会社としての理念でした。どんな場所でモノづくりをするにせよ、絶対にぶれさせてはならないのが理念であり、理念の浸透こそが成功の礎となります。

その理念をまとめたのが「メイドーフィロソフィ」で、42項目にわたって社員としての心得や仕事をするうえでの方針、さらには人生で役立つ考え方までつづられている、まさにメイドーにとっての虎の巻であり、人材教育で最も重要な指針です。日本の社員だけではなく、世界の支社でもメイドーフィロソフィが人材教育に活用されており、それによってメイドー品質が保たれています。

メイドーの社員たちは、研修や日々の確認によってあらゆる項目を頭に刷り込んで仕事をしています。

メイドーフィロソフィで理念の浸透を図る

メイドーフィロソフィの冒頭は「メイドーの目指すもの」、すなわち社是、経営理念、経営の目的、ビジョンです。トップも含めすべてのメイドー社員は指針を心に刻んで業務を行っています。

【社是】

1　信用を尊び責任を重んじましょう

2　どこよりも良い品を、どこよりも安く、どこよりも早く奉仕しましょう

3　朗らかで安全な職場の建設につとめましょう

【基本理念】

冷間鍛造品のトップメーカーを目指し、発展する

「良い品を安く早く」の完遂を図り、社会の発展に貢献する

全社一体となって、人財の教育と魅力ある企業づくりに努める

【経営の目的】

「よい会社にする」

メイドーグループは、関わるすべての人にとっての「よい会社」となり、社会と調和しながら成長・発展を続け、世界中の人々を幸福にすることを経営の目的とします。

Ⅰ　社員が誇りをもち「この会社で働けてよかった」と心から思える会社になります。

Ⅱ　社員が成長し続ける会社になります。

Ⅲ　社員が高い目標に挑戦し続ける会社になります。

Ⅳ　お客様・取引先から信頼され「なくてはならない」と認められる会社になります。

Ⅴ　納税・雇用を通じて、地域社会に貢献する会社になります。

Ⅵ　世界中の人々が必要とする工業製品を安全・安心して使えるよう、高品質な部品を供給し続ける会社になります。

Ⅶ　地球環境にやさしいモノづくりで持続可能な社会づくりに貢献する会社になります。

これらを実現するのは、メイドーグループで働く社員一人ひとりです。全員がフィロソフィを学んで実践し、経営参加することで「よい会社」をつくりあげます。

【ビジョン】

業界NO．1企業になる

この「メイドーの目指すもの」を常に心に刻むことで、社員たちの目線が目の前の作業から一段高まり、顧客目線、そして経営目線をもつことにつながっていきます。

フィロソフィを示す、7つの具体例

理念やビジョンのあとは、いよいよメイドーフィロソフィ本編に入っていきます。

その内容は、1部「すばらしい人生をおくるために」、2部「すばらしいメイドーになるために」に区分され、さらに42の項目に分かれています。また、各項の解説に加え具体的なエピソードが入っており、よりイメージしやすいようになっています。

メイドーの人材教育、そしてモノづくりの核となる最重要の項目で、7つ抜粋します。

その①「自責で考える」

仕事を進めていくうえでは、常に自覚と責任を持って取り組もうとする「自責」の姿勢が大切です。何か問題が起きたなら「対岸の火事」と考えず、常に自分事としてとらえ、解決に向けて自分は何ができるかと積極的に考えることです。

自責で考えられる人は、任された仕事の目的を正しく理解し、その実現に向けて自分の役割を広くとらえられます。そうすると広い視野で課題を抽出できますから、仕事のスピードが速まります。対比できる幅も広がるので、周囲からの信頼も得られ評価も高まります。

起きる事象を他人ごとととらえる「他責」の考え方か、それとも「自責」の考え方かで、結果は大きく変わるのです。

10年以上にわたり大量に流動していたナット製品には、もともと小さなねじバリがありました。生産技術部の関係者は問題意識をもっていながらも、今さらなくならないだろう、製造部の責任だろうと、どこか他人ごとのように思っていました。

しかし、顧客からの改善要求をきっかけに、品質改善会議でバリを完全になくそうという改善指示が出され、すべての関係者が自分ごととととらえるようになりました。すると状況は変わりました。生産技術部が主体となり製造部と連携しながら、同業者、タップ設備メーカーからアドバイスを受け、とことん改善を進めた結果、冷間素形材の見直しで解決できたのです。

他責から自責に考え方が変わることで、結果は180度変えられるのです。

その②「信頼関係を築く」

組織が目標を達成していくためには、メンバーが互いを信頼しあってチームワークを高め、高い生産性を発揮する必要があります。

信頼関係のある組織では、互いに相手のことを「この人ならやってくれるだろう」と期待して、安心して仕事を任せられます。そのことで役割が明確になり業務をスムーズに進められます。さらに各人の責任感とやる気も高まり、目標達成に向けて結束が強まります。

このような関係を築く第一歩は、互いの人となりを知ることです。そして、一人ひとりが日頃から約束を守り、誠実なふるまいを心がけることです。信頼関係を土台にして組織運営することで、私たちは協働による効果を最大限発揮できるのです。

中国事業体が利益の上がる安定した経営体制を構築するためには、メイドーからの出向者と中国人社員が信頼関係を築くことが欠かせませんでした。

出向者が初めに取り組んだのは、中国の文化を知り、日常のなにげない行動と背景にある考え方を学ぶことでした。相手を理解しながら、教育ではメイドーが培ってきた「高い目標への挑戦」「絶え間ない改善」「全員参加・チームワーク」などの基本を自信を持って仕組み化して指導しました。何度も繰り返し誠意をもって説明することで信頼関係が築け、中国人社員が会社から期待されていると感じて力を発揮してくれたのです。

信頼関係は、国や文化を超えて組織運営の土台となるのです。

その③「コミュニケーションをとる」

コミュニケーションとは、自分の考えを相手に正しく伝え、同時に相手の考えをよく聞き、互いに理解しあいながら、双方が納得できる答えを見いだすことです。

自分の考えを伝える際は、簡単に相手に理解されるとは思わず、理屈の面でも気持ちの面でも納得してもらえるよう繰り返し語り掛ける努力が必要です。相手の話を聞くときは、敬意をもって尊重する姿勢が大切です。

そのような互いを分かりあおうとするコミュニケーションによって、業務の目的・

意義を共有できれば、仲間意識を互いに持って協力し、より良い答えを見つけられます。考え方を正しく伝え、分かりあうコミュニケーションによって、私たちは魂のこもった仕事ができるようになるのです。

社内活動でもコミュニケーションは大切です。「デミング賞を取る」という目標が掲げられたとき、初めはその目的が正しく伝わらず、社員の賛同が得られず活動は停滞気味でした。

そこから経営トップと事務局が、時間をかけて社員に対して丁寧に目的や効果を説明し、疑問にも真摯に答えていきました。すると、徐々にＴＱＭ（総合的品質管理）活動が盛り上がって活性化し、品質不良の低減、生産性の向上、標準化などの効果が目に見えて表れるようになりました。

メイドーがデミング賞を獲得できたのは、目的が共有され、全員のベクトルがそろったからです。コミュニケーションをとって理解しあい、全員が魂のこもった仕事をすることが大切なのです。

その④「品質を第一に考える」

品質は顧客との取引の大前提であり、仕事において第一に考えるべきものです。品質には製品品質と業務品質の2つがありますから、私たちは「不良品を作らない」「手戻りがない」という2つのことを最優先に行動する必要があります。

加えて生産性向上や業務効率化も必要です。そこで品質を第一に考えながら、同時に改善も進めていく努力が大切になります。具体的には、改善活動への背反事項が品質にどのような影響を与えるかを検証し、品質レベルの低下を防止するのです。

この考えで品質を高く維持することで、顧客の信頼を獲得して末永く取引を続けられます。これが会社存続と私たちの生活の向上の第一条件となるのです。

不良品多発、低生産性、高離職率で赤字続きの海外事業体がありました。不良が出る、不良対応をする、納入が遅れる、急いで作り直す、また不良が出る……と負のサイクルが回っており、何から手をつければいいか分からない状態でした。

復活のきっかけは、品質を第一に考え、不良を作らない改善活動を徹底したことでした。不良が激減するなかで職場環境や人間関係も良くなり、離職率が下がり、納入遅延もなくなりました。そして正のサイクルが回ることで利益が出る会社となりました。

不良を作らないこと、手戻りをさせないことを第一に考え行動すれば、仕事の質も会社の業績も良くなります。QCD（Quality：品質、Cost：コスト、Delivery：納期）のQを優先することで、CもDも良くなるのです。

その⑤「成功するまであきらめない」

成功するかしないかは、その人の持つ執念とこだわりに強く関わってきます。成功する人は、目標に対して執念を燃やし、結果に強くこだわり、粘り強く最後までやり抜きます。

成功を妨げるのは、過去の経験からすぐにできないと決めつけたり、困難に直面すると簡単にもうだめだなどと投げ出したりしてしまう気持ちです。厳しい状況でもあきらめない限り、それは失敗ではなく、成功へのステップです。

努力して結果が出ると、自信になります。努力せずに結果が出ると、おごりになります。努力せず結果も出ないと、後悔が残ります。努力して結果が出ないとしても、経験が残ります。執念とこだわりで努力し続けることで、成長と成功を手にできるのです。

ある生産の安定しない製品が設計変更となり、表面処理方法を変更することになりました。変更後、すぐに顧客先の溶接工程で不具合が発生したという連絡が入ります。要求水準は満たしていましたが顧客先の問題を解決するために、約3カ月間粘り強く調査し、試作品を作っては失敗を繰り返しながら、事態の改善に向けてトライを続けました。顧客先から転注の話も出ましたが、あきらめずに取り組む姿勢も考慮され、転注には至りませんでした。そして顧客先、仕入れ先の協力の下で大きな対策チームが編成され改善に取り組んだ結果、どの文献にも知見のない、表面処理の靭性へとたどり着き、新規部品の受注につながりました。

最後まであきらめずに挑戦することで、関わった担当者も会社も成長することができます。

その⑥「モノづくりを通じて社会に貢献する」

人は一人では生きられません。仲間と協力しあって人の役に立つ仕事をし、得られた成果を分かち合い、互いに助け合いながら生きていきます。メイドーで働く私たちには、モノづくり企業の一員として、このような社会で人々の生活を良くするという使命感が求められます。

使命を果たすうえで大切なのは、心を込めてモノづくりに打ち込む姿勢です。人づくり＝モノづくりです。誇りをもち、楽しく胸を張り、使命感のもとでモノづくりに励めばこそ、作り手の温かさや思いが伝わり、人は感謝や感動をしてくれます。

モノづくりを通じた社会貢献を使命とすることで、私たちは地域社会や国、グローバル社会の役に立てるのです。

ある製品の加工に際し、投げ捨てるように部品をセットしている作業者を、製品が傷つく、丁寧に扱うようにとベテラン作業者が厳しく指導する一幕がありました。ベテラン作業者は続けて自分が買い物に行ったら、傷ついた商品は買わないだろうと諭しました。

社会は利用者と作り手の関係で成り立っています。食事ができるのは生産者がいるから、家に住めるのは大工がいるから、車に乗れるのは部品を作る人がいるからです。そして利用者の満足度は、作り手の真剣なモノづくりにかかっています。

心を込めて作った製品は輝き、利用者を笑顔にします。モノづくりに打ち込む心、利用者を思う心がやがて世のため、社会のためになるのです。

その⑦「よい職場環境をめざす」

良い製品は、良い職場環境のなかでいきいき働く社員によって作られます。メイドーは、優れたモノづくりをするために、また社員が誇りとやりがいをもって能力を発揮できるように、良い職場環境を全員の努力でつくります。

良い職場環境の条件は、「安全」「清潔」「快適」です。作業の入り口において、すべてに優先して安全が確保されていて、作業に集中でき、モチベーションが上がる清潔感があり、精神的・肉体的にストレスが少ない快適な状態であることです。

こうした環境をみんなで作り、そこで一人ひとりが作業の効率化と不良率の低減に努め、高いパフォーマンスを発揮することが、良い製品づくりと業績アップにつなががるのです。

作業ミスが目立ち職場の雰囲気も良くなかったある部署で、誰もが自由に意見ができる「気づきシート」という制度を管理者が考案して運用したところ、改善に成功しました。

このシートで気軽に「やりづらい」「気を使う」「イライラする」などの意見をみんなが挙げられるようにして、全員が見えるよう張り出したのです。管理者は指摘の一つひとつに真摯に向き合い、職場環境改善につなげていきました。すると次第に前向きな改善提案が増えていき、コミュニケーションも活発になって作業ミスが大きく低減し、会社全体の業績向上にも貢献できました。

職場環境は、所属する全員の意識と行動、そして工夫次第で良くしていけるのです。

このように、仕事に対する考え方や人生をより良く生きるためのヒントを一冊にまとめたのが、メイドーフィロソフィです。

「決められたことを守る」ための活動を推進

メイドーフィロソフィが完成したのは2021年です。以前からフィロソフィは紛れもなく存在しており、それを伝えて日々の業務の質を高めるべく、教育活動もしてきました。

主に製造現場で進められてきたのが、「New5S活動」です。

ここでいう5Sは、「整理、整頓、清掃、清潔、躾（しつけ）」のローマ字表記の頭文字をとったもので、仕事をしやすい環境づくりのための標語として、製造現場ではよく用いられるものです。これらを徹底すると業務効率化や不良品の流出防止、安全向上といった効果が見込めます。なお5Sの考え方の発祥は日本ですが、海外でも広く取り入れられるようになりました。

ただ、この5Sには一つの弱点があります。

せっかく整理、整頓、清掃、清潔を保つルール作りをしても、実際の現場では、決められたことを守らない、実行しないという人々が出てきて、すぐに形骸化してしまいやすいのです。これはつまり、決められたルールを守り、継続的に実践していく習慣作り、すなわち「躾」がなかなかうまくいかないことを示しています。

製造業において自社の製品の品質を保つうえでのポイントとなるのは、マニュアルやルールによる標準化です。ただしどれほどすばらしいマニュアルやルールができたとしても、それを社員たちが守らなければ、ないものと同じです。

決められたことを、決められたとおりに、正しく確実に実践する。

その意識づけこそ最も重要であり、まず「躾づくり」からスタートするというのがNew5S活動の考え方で、社員一人ひとりの意識を変え心を育んだあとで整理、整頓、清掃、清潔を実施していきます。これはメイドーオリジナルの活動というわけではなく、品質管理の大家として知られる細谷克也氏の理論を活用したものです。

導入にあたっては、いくら社員たちに「決められたことは守ろう」と言ったところで、それだけではなかなか響かないもので、体系的に進めていく必要があります。

メイドーではNew5S活動をどのように行っていけばいいかを記した体系図や活動推進のためのマニュアル、活動に対する評価表などを作って体制を整えたうえで、2012年から実践に移していきました。

それとあわせて展開していったのが、「ＡＫ活動」です。

ＡＫとは「あっぱれ」「喝」のローマ字表記の頭文字を並べたものであり、いいことをした人は褒め、誤ったことをしたなら叱るという正しいコミュニケーションの仕組み化と浸透を目指すものです。「褒めるときはみんなの前で、叱るなら一対一で」といった具体的な行動指針を示すとともに、「あっぱれ」のなかでも最もすばらしかった行動をベストオブあっぱれとして表彰するなど、マンネリ化しないよう工夫して進めてきました。

強制的にルールを守らせるというやり方では、人はなかなかついてきてくれません。正しく褒め、正しく叱ることができて初めて、ルールの理解とモチベーションの維持を両立できるのです。

こうしたアプローチによってＮｅｗ５Ｓが浸透していくと、製造現場は大きく変わりました。

社員たちが決められたルールに従って動けるようになって生産効率が上がり、正確に業務が遂行されることで不良をはじめとしたトラブルが一気に減りました。安全性も高まり、事故を未然に防げるようになりました。工場が常に整理整頓され、ものを探す時間や不要なものの購入といった無駄がなくなりましたし、在庫のコントロールがうまくできるようになって、コスト削減につながりました。

相手の心理に寄り添える営業担当者を育成

営業部門において、私は長きにわたり人材教育を担ってきました。

会社の収益の50％は、営業で決まる。それが私の持論であり、40年以上前から週一回、営業会議を行って営業担当者たちに直接、アドバイスを続けてきました。

営業担当者は会社の顔であるとともに、耳でもあります。

すなわち、商品やサービスを売り込むだけではなく、顧客の話を聞き、それを社内に持ち帰ってくるのも大切な役割であると、メイドーでは位置づけています。そうして外に出て顧客の声に耳を傾けると、対外的な自社の実力や評価がよく分かります。その客観性も営業担当者がもたらす価値の一つです。

取引先を回って集めた情報を1週間単位で報告しあうなかで、大切なのは克明な報告です。自分にとってはさほど重要な情報ではなくとも、それが思わぬ形で経営の役に立つようなことがよくありますから、省略せず正確に情報を伝達するよう、営業担当者には求めてきました。

上司はそのすべてに対し、何が良かったのか、どこが悪かったのかという評価を行います。その積み重ねで、営業担当者たちに判断基準ができていくのです。

私が常に言い続けてきたのは、営業とは企業の看板が相手なのではなく、結局は人間が相手であり、その心理をいかに読むかが鍵となるということでした。

例えば見積もりに関して、先方から2週間以内に欲しいと言われれば、多くの人が締め切り間近で提出しがちです。しかし相手の心理を考えれば、1日も早く値段を知りたいはずです。その気持ちを満たすには、1日でも早く見積もりを出すのが大切です。相見積もりになっている状況なら、他の会社よりも早く提出するとそれを基準にされ他社がより安い見積もりを出してくるのではないかと警戒する営業担当者もいますが、それはコミュニケーションの工夫でカバーできます。見積もり提出の際に「もし、これより安いところが出てきたなら、敗者復活戦ということでもう一度チャンスをください」と言葉を添えておくのです。

結局のところ、製品の値段の落としどころというのはどの会社でもそんなに変わらないものですから、最後には並列になっていきます。そうなると、自分にとって最もやりやすい相手、すなわち見積もりを素早くくれるような気遣いができる営業担当者と取引したいと思うのが、人間の自然な気持ちです。

そうやって相手の心理に寄り添う心の通った営業をするというのが、メイドーの営業担当者の一つの指針となっています。

経営陣による営業担当者への直接指導に加え、間接的に各人を支援し、実績を伸ばすための仕組みづくりも取り組んできています。

例えば、営業活動で顧客先に見積書を提出したが失注した場合、なぜ受注できなかったのか、敗因を分析して共有化し、次の営業活動に活かす「敗戦分析シート」というツールがあります。

こうしたサポートの仕組みもまた、営業担当者たちがいち早く成長するためには欠かせないものであるといえます。

アメーバ経営の導入で、経営目線をもった社員を増やす

直接的な人材教育とはやや異なりますが、社員たちが経営目線をもち、全員参加で経営を行うための仕組みとして2018年に導入したのがアメーバ経営です。それにより、会社の運営を「自分事」としてとらえモチベーションを高くもって仕事に取り組む社員が増えたことが、メイドーのさらなる成長につながりました。

アメーバ経営は、京セラ名誉会長を務め、経営の神様といわれた稲盛和夫氏が発案した経営管理の手法です。それを実践してきた京セラは1959年の創業以来、一度も赤字を出しておらず、発展し続けてきました。また一度は経営破綻した日本航空(JAL)の再建の際にも、稲盛氏はこの経営管理法を活用し、目覚ましい成果を挙げました。

中小の製造業においても、アメーバ経営のもたらす効果は絶大で、経営目線を持った社員の育成にあたっても最も有効な方法の一つといえます。

アメーバ経営の原点にあるのが、稲盛氏の「会社経営とは一部の経営トップのみで

図8　全員参加経営を実現するまでのプロセス

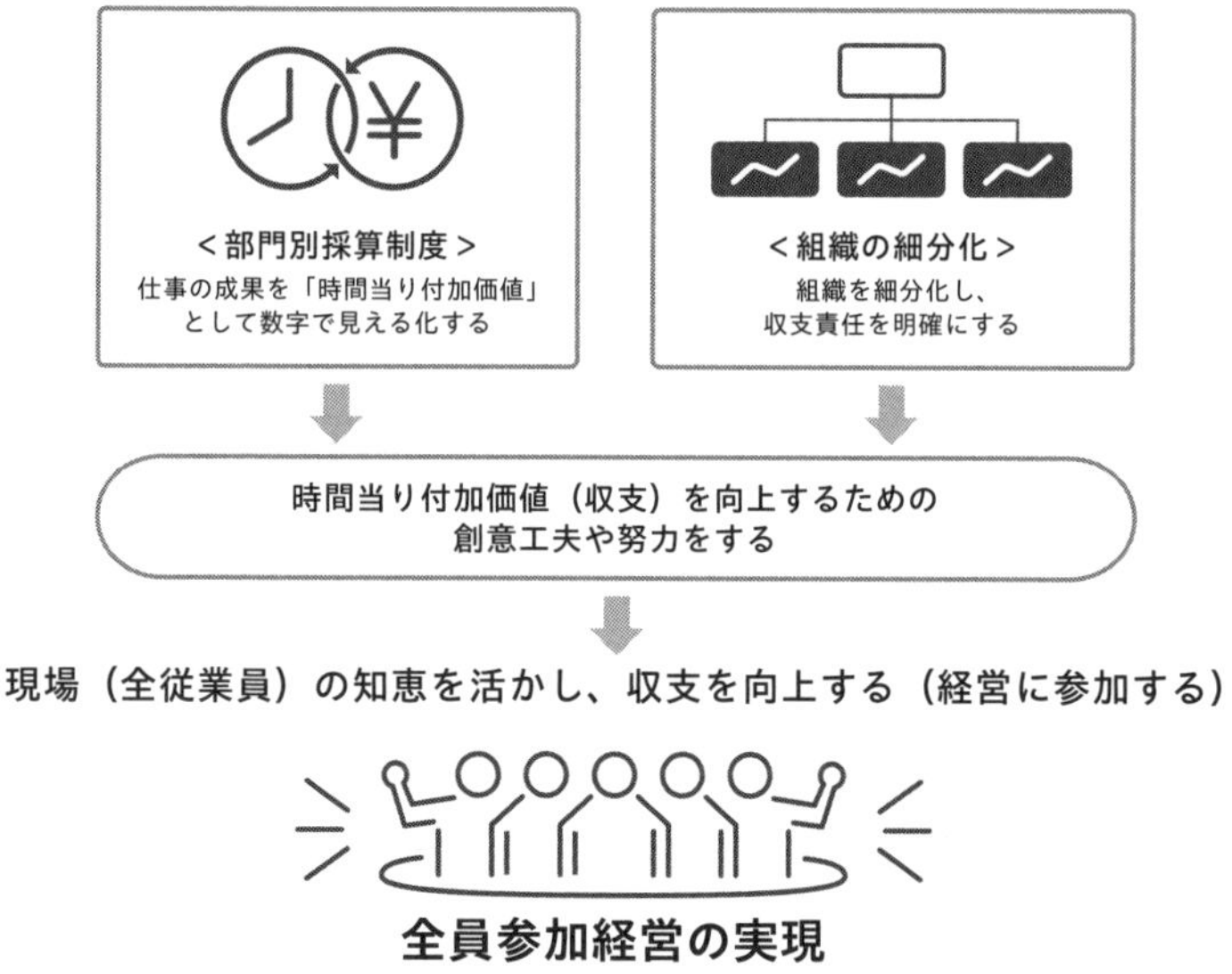

出典：京セラコミュニケーションシステム「全社員が経営に参加する仕組み『人を活かす経営手法』」

行うものではなく、全社員が関わって行うものだ」という考え方です。すなわち全員参加で経営を行うための管理手法というのが本質といえます。

具体的なやり方としては、組織を採算管理ができる最小の単位（アメーバ）に分けたうえ、部門別ごとに独立採算制を用います。各小集団でリーダーを任命し、いわば複数の小集団によって一つの会社を共同経営するような形となります。組織が細分化され収支責任が明確になるため、社員一人ひとりが「自分がどれだけ会社の利益に貢献できたか」を把握しやすくなります。そしてリーダーを中心に全社員が自らの収支や、原価意識、生産性といった経営的な面を意識し、各人が小集団に貢献して利益確保を目指すようになります。また、独立採算のアメーバとしてそれぞれが動くと、市場の変化など突発的な事態にも柔軟に対応でき、組織の硬直化を防ぐというメリットもあります。

その前提となるのが、経営に関わる数字を全社員にオープンにすることです。メイドーでも、各小集団での売上、経費、損益などの数字をすべて公開してきました。それにより、社員たちには共通で目指すべき具体的な目標が生まれ、それを達成した際の喜びや一体感によって絆が深まっていきます。

アメーバ経営のための基礎となる収支は、時間あたりの採算で出すというのも大きな特徴です。メイドーの製造部門を例にとるなら、総生産、経費、利益などの数字を細かく割り出し、利益を小集団のメンバーが働いた総時間で割ることで、時間あたりの付加価値を算出します。これによって社員たちは、自らがどう行動すれば時間あたりの付加価値が向上するかを考えるようになっていきます。また、収支実績が毎日共有されるため、リアルタイムで経営的な数字を把握でき、計画がどの程度達成されているかもこまめに把握でき、必要な対策を打つこともできます。

　メイドーでアメーバ経営を導入してきた経験から、社員たちの意識改革を行うのに重要なポイントは大きく三つ挙げられます。まず、収支や成果といった数字を可視化することです。次がリーダーへの権限委任であり、裁量権を与えることでより迅速な意思決定が可能となり、アメーバとしての能力をフルに発揮できるようになっていきます。最後は、フィロソフィです。アメーバ経営の特性上、各小集団がばらばらに動いてしまい、会社としての一体感が失われるリスクはどうしてもついてまわります。そうならないためにも、フィロソフィをしっかりと浸透させ、独立採算制ながら集団同士が思想的にしっかりとつながり、同じ方向を目指し進んでいける体制を作っておくのが何よりも大切といえます。

PART 6

100年に一度の大変革期を迎えるモビリティー産業

常に変化し続けることで日本のモノづくりを牽引する

もはや止まらない「電気自動車シフト」

現在、自動車産業は100年に一度の大改革期にあるといわれています。

ガソリン車から電気自動車へという潮流はもはや止まることはなく、世界中で電気自動車が増えてきています。ガソリン車と違って走行中に二酸化炭素を排出しない電気自動車は、今後も普及が進み、いずれガソリン車にとってかわるのは確実です。

製造に関わるあらゆるメーカーにとっては、まさにこれまでの自社の在り方が180度変わるような一大事であるといえます。

ガソリン車と電気自動車では構造が大きく違います。

電気自動車の構造はガソリン車よりもかなりシンプルで、用いられる部品の点数も少なくなる傾向があります。なぜかというと、まず燃料の爆発によるエネルギーを回転運動に変換して動力を得るガソリン車には、耐熱性のある部品や発生した熱を逃がすための機構が必要であるのに対し、電気の力でモーターを回して直接的に動力を生み出す電気自動車では部品が少なくて済みます。そのほかに、ガソリン車の心臓部と

図9　EV（電気自動車）の仕組み

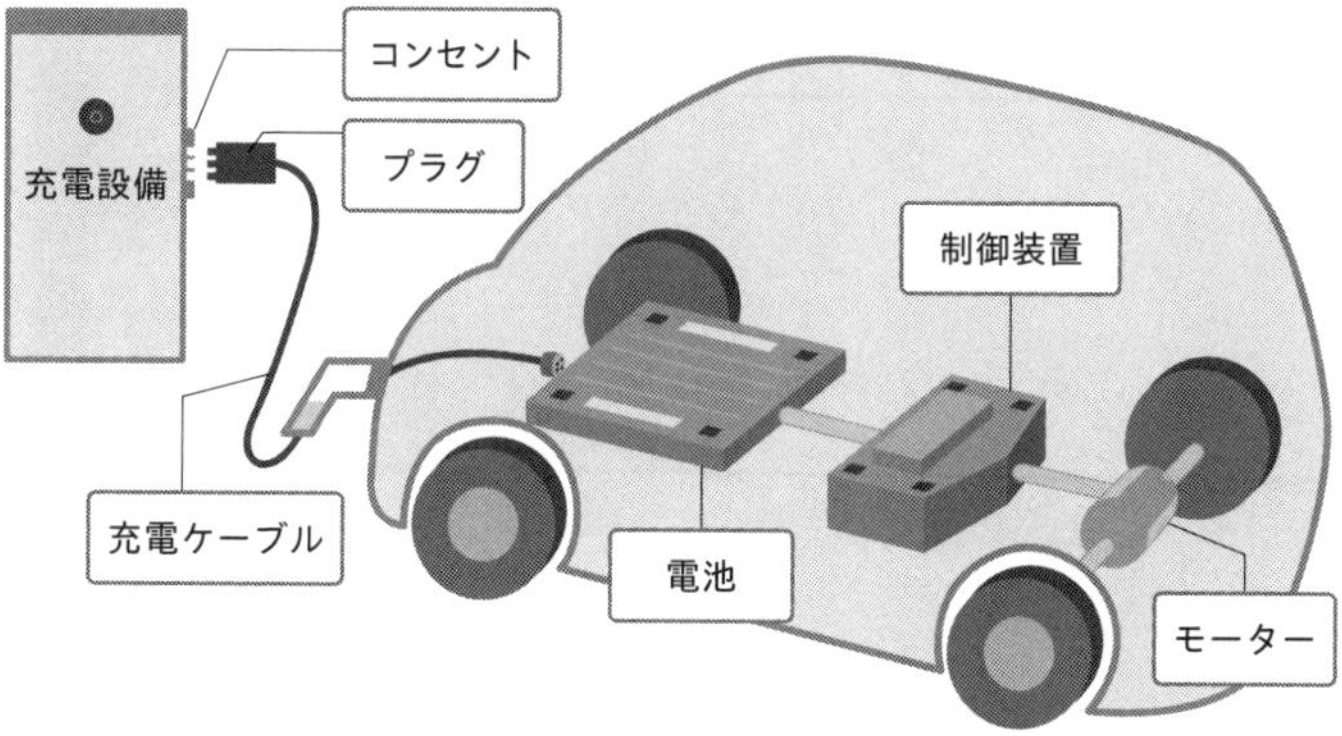

出典：日本経済新聞社「nikkei4946.com『電気自動車へシフト機運高まる』」

いえるエンジンが電気自動車にはありません。そのかわりの動力源としてバッテリーを搭載し、電気の力で車輪を回します。ガソリンを入れるタンクや燃料の供給量をコントロールする燃料ポンプなどガソリン車の主要部品も、電気自動車には必要ありません。

結果として約3万の部品が必要なガソリン車に対し、電気自動車は約2万の部品で作り上げることが可能となっています。

単純化していうなら、部品が3分の2に減れば、それを納めていた部品メーカーの売上もまた3分の2に目減りすることになります。実際には3分の2なら

図10　2022年中国の新車自動車販売台数における
EV・PHEVの比率

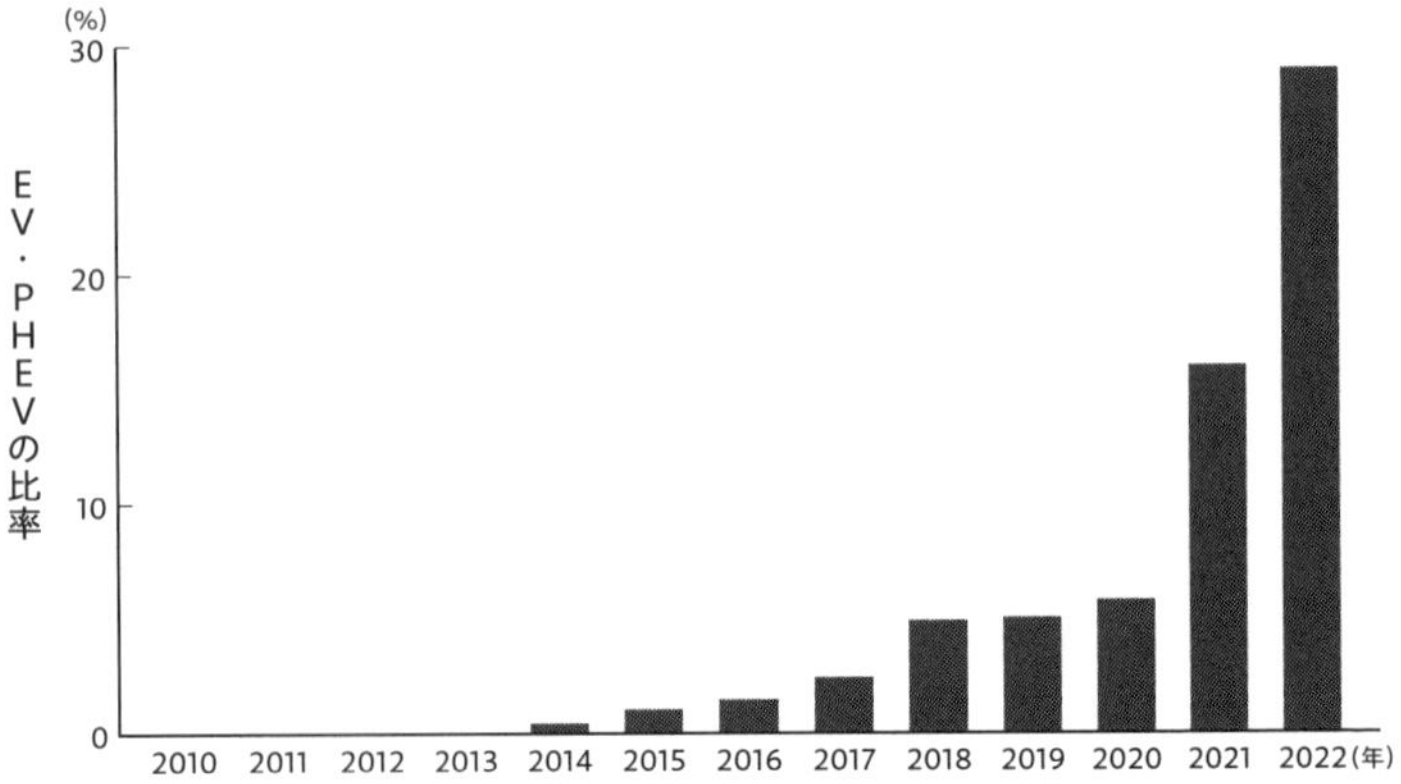

出典：EV充電エネチェンジ「中国のEV普及率、普及拡大の取り組みとは」

まだいいほうで、これまで納めていた部品のほとんどが電気自動車では採用されず苦境に陥る企業は、特に中小企業で数多く出てくるはずです。

ではこれから先、どのようなタイミングで自動車産業の電気自動車へのシフトが進むのかというと、実はすでに兆候は表れています。

世界市場に目をやると、電気自動車の開発と普及で頭一つ抜け出ているのが、中国です。

中国政府は2001年の段階で電気自動車を中心とした新エネルギー車の開発を国家プロジェクトとし、電気自動車の製造や購入に対して多額の補助を実施してきました。その効果が表れ、近年の電気自動車産業の成長は目を見張るものがあります。国際エネルギー機関（ＩＥＡ）の発表データによると、中国の新車販売台数でＥＶ・ＰＨＥＶ（プラグインハイブリッド自動車）の比率は、２０２２年時点で29％と、およそ3台に1台が電気自動車となっています。中国の電気自動車メーカーの大手である比亜迪（ＢＹＤ）は２０２２年、１９０万台の電気自動車を販売しており、すでにアメリカの最大手メーカーであるテスラ社の販売台数１３０万台を抜いて世界トップに躍り出ています。

中国以外でも、アメリカやヨーロッパにおいて電気自動車の普及率は大きく伸びてきています。今後、かなりのスピードでガソリン車から電気自動車への転換が進んでいくと考えられます。

ピンチをチャンスに変え、これまでの殻を破る

日本市場はどうかというと、電気自動車の普及率は２０２３年で3・60％にとどまっています。２・71％だった前年からやや増えてはいるものの、全体に占める割合はま

だ低い水準にとどまっています。日本政府は2035年までに新車販売で100%にする目標を掲げており、公共用の急速充電器3万基を含む充電機器の整備を2030年までに15万基に増やそうとしています。

国内でも自動車メーカーからはすでにさまざまな車種が発売されており、生産台数も増えていくため、普及率は上がっていくと予想されます。

日本の自動車産業を牽引するトヨタ自動車も、すでに電気自動車の増産に舵を切っています。2021年12月には、「2030年にEVのグローバル販売台数で年間350万台を目指す」と宣言しました。350万台といえば、トヨタの年間販売台数の3分の1にあたる規模です。2021年の累計EV販売実績が1万5000台弱であったというのを考えても思い切った目標であり、トヨタ自動車としても大改革に着手したといえます。

しかし、現在のところ350万台達成のための明確なマイルストーンなどは明らかになっておらず、先の需要予測がなかなか難しいという状態です。メイドーとしても予断を許さない状況が続いています。

電気自動車にもねじは当然必要ですが、エンジンをはじめとした動力機関がバッテリーやモーターに置き換わることで、使用するねじの点数が減少するのは間違いありません。また電気自動車で採用されるねじも、これまでと同じ形状のものであるとは限らず、新たな部品の開発が求められる可能性が高いです。

自動車メーカーが製造の多くを内製化する動きも出てきています。例えばトヨタ自動車では、約3分で車体の3分の1を一体成型する技術などを開発しました。その背景には、ガソリン車の製造の延長で電気自動車を大量生産するのは無理があり、採算が悪くなるという事情があります。中国やアメリカですでに確立している電気自動車生産の技術も取り入れながら、生産体制を根本から見直していくとみられます。

このような状況下で、もはやこれまでと同じようにねじを作り続けていては、さらなる成長は叶いません。トヨタ自動車とのパートナーシップはしっかりと維持しつつも、自社で新たな市場を開拓していく必要があります。これはあらゆる下請け企業にいえると思いますが、最終的には自分の身は自分で守るしかないのです。

ピンチはチャンスにもなり得るものです。ピンチに陥って行わねばならなくなった大改革が、これまでの殻を破って生まれ変わるきっかけになるからです。

自動車の構造そのものが変わり、減る部品がある一方で、新たに付け加えられる部品やゼロから設計しなければならぬ部品もまた出てきます。それらの開発に関わることができれば、これまでにはなかったニーズをつかみ、販路を拡大するチャンスが訪れます。

また、市場環境が厳しさを増すなかで成長を続けるには、生半可な目標設定では挫折する可能性が高いです。圧倒的な成果を目指して、すべてに妥協せず、改善に次ぐ改善を続けながら進んでいかねば成長は叶わないでしょうが、逆にそれらを成し遂げられたなら、これまでなら夢にも思わなかったような、はるかな高みへと到達するはずです。

そのためメイドーでは、自動車産業の変革を、自社がさらに生まれ変わるための一つのきっかけととらえています。

目指すは世界一のイノベーション・コネクティング・カンパニー

大転換期を目の前にして、メイドーでは2023年に経営体制を刷新し、来るべき時代へと踏み出す準備を整えました。これまで会長を務めていた私は名誉会長、社長であった裕恭は会長となり、新たなトップにはこれまで専務として海外の事業展開に深く携わってきた長谷川靖高が就任しました。靖高が社長の座に就いたというのは、メイドーとしての一つの決意の表れでもあります。

グローバル市場でさらに存在感を発揮し、世界一のメーカーを目指す——。

それこそが、新生メイドーが掲げた目標であり、大転換期にあっても成長を続けるための戦略です。より具体的に示すなら、新社長として靖高が宣言したのは、業界ナンバーワンのねじメーカーからさらに進化し、「世界一のイノベーション・コネクティング・カンパニー」を目指すということでした。

ねじという特定の製品をただ作るだけではなく、あらゆるモノとモノを「つなぐ」ことの専門家として技術を提供していくのが、世界一へとつながる道であるとメイドーでは定義しました。そしてそのための戦略として、「つなぐことへのイノベーションの提供」「マーケット」「エリア」という三つの視点から新たに進化を遂げていくという方針を掲げています。

「つなぐことへのイノベーションの提供」については、これまでメイドーでは基本的に下請け企業として顧客から指定された図面に基づいてモノづくりを行ってきました。しかし自動車産業が大きく変わろうとしている今、それだけでは成長が難しくなっています。

これからは、自社独自の製品数を増やし、高い品質のねじを安定して供給する体制や生産管理システムをさらに世界中に広めていくのとあわせ、複雑なパーツ同士を接続、接着する新たな技術の開発も進めていきます。その先にあるのは、下請け企業からの脱却であり、オリジナルの技術と生産体制を武器に世界中の企業と取引していくことで、世界一が見えてくると考えます。

「マーケット」については、これまで自動車産業とともに歩みを進めてきたところから、新たな市場に打って出ます。具体的には航空宇宙、鉄道、医療など、次世代社会のインフラとして高い安全性が求められるような産業へと販路を拡大していきます。ねじは「産業の塩」ともいわれ、どのマーケットでも必要不可欠な存在ですから、チャンスもまた広がっています。

「エリア」に関しては、今後日本で少子高齢化が進み人口が減っていくことを見据えると、これまでのように日本を主体とした事業のやり方ではいつか成長が止まります。これからは、例えばアメリカや中国など成長の見込めるエリアで事業をさらに育て、比重を分散させていきます。

このような戦略に基づいて、メイドーは世界ナンバーワンのイノベーション・コネクティング・カンパニーを目指します。

下請け企業が、世界一になる。それだけ聞けば、そんなことはできっこないと笑う人もいると思います。

しかしメイドーでは、1999年に裕恭が社長に就任した際、国内で業界トップを目指すという「NO.1戦略」を発表し、それに向かって一丸となって進んでいった結果、売上が100億円から1000億円まで伸びて実際に業界トップとなったという実績があります。

それがやり切れたのだから、世界一もきっと夢物語ではありません。必ず実現できるとメイドーのすべての社員が信じ、ひたすら日々の改善を繰り返しているところです。

下請けマインドではなくメーカーマインドをもつ

下請け企業が世界一となるために必要なことは、下請けマインドを捨て、メーカーマインドをもつことです。下請けマインドとは何かというと、言われたことは正確にこなす一方で、指示を超えるような提案や工夫には思いが至らず、イノベーションが生まれづらいマインドのことです。激動の時代に入り新たな仕事を生み出していかねばならぬ状況下では、常により良いアイデアや工夫を探し、試し続けるようなメーカーマインドが求められます。

日本国内のメイドーグループには、メーカーマインドを持った社員が数多くいますが、海外に目を向ければその数はまだまだ少なく、人材不足の感が否めません。グローバル市場において優秀な人材を獲得することが、大きな課題となっています。

ただし下請けからの脱却とはいっても、トヨタ自動車とたもとを分かつわけではありません。今後もトヨタは最大の取引先であり、そのグローバルな企業活動を支えるというのが、メイドーの大切な使命です。

その点は変わらない一方で、電気自動車へのシフトが進んでいけば、これまでと同じ関係性ではいられなくなります。トヨタ自動車が自らの存続を賭して事業を根本から変えていくなかで、下請け企業にもイノベーションを求めてくるのはほぼ確実で、それについていけないなら、いくら付き合いの古い企業であってもいずれは淘汰されていくはずです。

これは何も、メイドーとトヨタ自動車だけの話ではありません。この構図は、日本市場の縮小やグローバル化の進展によって、今後多くの下請け企業に当てはまることになるはずです。

では日本の中小の下請け企業はどうすれば生き残っていけるのかというと、そのポイントは技術力と提案力であると考えます。

親である大企業も、あらゆる部品の製造を自社で行えるわけではなく、部品一つひとつを取れば、時に専門家である下請け企業のほうが高い技術力や開発力を備えています。したがって、専門家として親企業の助けとなるような提案や、よりコスト面で優位に立てる新たな製品の開発など、自社の側からアプローチをかけて親企業の成長に貢献することができれば、これまで以上の取引ができる可能性があります。

このような関係性は、親企業と下請けというよりも、上下関係のないパートナーであるといえます。すなわち日本の下請け企業が目指すべきは、技術力を磨き、自社にしかできない提案を行い、大企業のパートナーとなることであるというのがメイドーの結論です。

時代の先を見つめ、新たな市場に打って出る

現在メイドーではメーカーとして技術力を高めるべく、さまざまな取り組みをしていますが、新たな製品の開発というのは社内だけでは限界があります。取引先のニーズに基づいてこれまで作った経験のない形状にチャレンジしたり、他の企業と連携して一つのプロジェクトを進めたりすることで、より技術力が上がり、それが新製品を生み出す原動力となっていくものです。

そうして技術を磨く意味でも、メイドーが力を入れているのが新たな分野への進出であり、特に鉄道関連では徐々に成果が上がりつつあります。また、海外のねじメーカーとの提携も行ってきており、日本にはない製造技術を学んだりもしています。ト

ヨタ自動車からも工場から出る二酸化炭素を削減するよう要望がきており、カーボンニュートラルへの取り組みを通じても、生産設備の改善などさらなる進化が期待できます。

技術の向上や新製品の開発とともに試行錯誤しているのが、これまでにない販路の確立です。

今後は部品においてもネットでのやり取りが増えてくると予測しています。そこにフィットするためには、ただ注文が入ったら部品を送るという通販的な売り方にとどまらず、消耗品をサブスクリプションで提供するようなこれまでにないアイデアが求められるはずです。事業としても、モノづくりだけをしているのではなく、「コト（体験）を売る」という発想が重要です。例えば鉄道領域では、相手が欲しい部品を欲しい量だけリアルタイムで届けるという、自動車産業では当たり前に行われている「コトの提供」を実践しているメーカーがほぼ存在しません。鉄道輸送機器業界以外でも、コトを売ってチャンスをつかめる市場はいくつもあります。

なお、顧客の要望に応えるようなコトの提供を行うのに重要な役割を担うのが、営業部です。幅広い領域に情報の網を張り、新たなニーズを拾いあげ、相手の「痒い所に手が届く」ような価値提供のアイデアを練るとともに、見積もりをその場で示せるようなスピード感をもって、チャンスをつかみにいかねばなりません。

また、新時代の荒波を乗り越えていくにはさらなる人材の獲得も不可欠です。メイドーでは、過去にT大学のフォーミュラ部との交流を行ったのをきっかけに、フォーミュラ部の学生大会のスポンサーとなったことから、各大学のフォーミュラ部とつながりを持ち、それが若き人材獲得のひとつの窓口となっています。

日本の人口が大きく減っていくなかで、生産量をさらに増やそうとするなら、どの企業であっても外国人の雇用が欠かせなくなります。メイドーではすでに数百人の外国人の期間工に工場で働いてもらっており、そのための仕組みづくりも何十年も前から積み上げてきました。それを横展開し、海外の工場でも同様の成果を出せるようになってきていますから、人材の受け入れ態勢は整っています。あとは世界の舞台で、メイドーという会社の知名度を上げていき、自然に人材が集まってくるよう、努力していかねばなりません。

MADE IN JAPANのモノづくりの誇りを胸に

資源を持たない日本が、戦後の焼け野原から目覚ましい復興を遂げ、先進国となった最も大きな要因は、モノづくりの力があったからです。自動車産業はその代表格であり、トヨタ自動車をはじめとしたMADE IN JAPANの車は世界で高く評価され、それが日本経済の一端を支えてきました。

そして、モノづくりの力で世界へと挑む大企業を支えてきたのが中小企業です。親会社と下請け、孫請けという構造のなかにありながらも技術を高め、世界に通用するレベルの技術を持った中小企業がたくさん現れました。それらの企業のおかげで、日本経済はここまで成長することができました。

アメリカのビジネス雑誌「フォーチュン」が、全世界の企業の売上高ランキング「フォーチュン・グローバル500」を発表した1995年、そのトップとなったのは日本の総合商社、三菱商事でした。そのほかの大手商社も5社がトップ10入りを果たしています。国別でいっても、トップ500に入った企業が最も多かったのがアメリカで151社、そして2位は日本で、149社とトップに肉薄していました。しかしそれが、日本が世界に残した最後の爪痕であり、当時からすでに製造業の売上は減少し、中小企業は不景気に悩んできました。

バブル崩壊は、「失われた20年」の始まりとされ、そこから日本経済の成長は長きにわたり低迷することになり、中小企業にとっては苦しい時代に入ります。親会社である大企業も生き残りに必死で、歴史的な円高といった背景もあり、より安価な労働力を求めてモノづくりの拠点を中国など海外に移し、それが国内産業の空洞化を招いて日本のモノづくりは窮地に陥りました。

そのような失われた20年を経て、日本のモノづくりの現在地はどうなっているのか――2023年の「フォーチュン・グローバル500」を見れば、そこに名を連ねる日本企業は41社にとどまりました。最も上位となった19位にトヨタ自動車が入りましたが、逆にいうと日本のモノづくりのけん引役であるトヨタすらトップテンには及ばないのです。

このような状況となった原因は一つではありませんが、中小企業の衰退、そしてモ

図11　フォーチュン・グローバル500（1995年）のトップ10

The Top 10

1	Mitsubishi Corporation
2	Mitsui & Co., Ltd.
3	Itochu Corporation
4	Sumitomo Corporation
5	General Motors Corporation
6	Marubeni Corporation
7	Ford Motor Companys
8	Exxon Corporation
9	Nissho Iwai Corporation
10	Royal Dutch/Shell Group

出典：FORTUNE「Fortune Global 500」（1995年）

ノづくり力の低下の影響は決して小さくありません。

トヨタ自動車という大企業をとっても、同社の成長に合わせそこに連なる下請け企業のすべてが成長してきたかというと決してそうではなく、経営が苦しくなってトヨタから資金や技術の援助を受け、子会社化されるところがいくつもありました。

その様子を見て「大企業による乗っ取りだ」と声を荒らげる人も見受けられます。しかし、それはむしろ時代の変化を受け入れられずに潰れそうになった会社をなんとか存続させるための救いの手という側面が強いことを忘れてはいけないと思います。

ただ現在では、これまで親会社と下請け企業として蜜月な関係を築いてきたとしても、いざ自社が苦境に陥った際に親会社が救ってくれるとは限りません。親会社もまた一企業であり、自社の存続、成長が何よりも重要なミッションですから、時には厳しい判断を行うことは十分に考えられます。

大変革期にある現在の自動車産業においては、親会社との良好な関係は維持しつつも、「自分の城は自分で守る」という意識で独自に新たな取引先を開拓していく必要があります。また親会社からの要望についても、ただ一方的に受け入れるのではなくいったん受け止めたうえで、自分たちでその必要性を判断していかねばなりません。それもまた、下請けからパートナーへと関係性を変化させていくうえでは欠かせないことなのです。

日本の下請け企業が目指すべきはメーカー依存からの脱却であり、そのための武器となるのが、モノづくりの力です。世界に誇れる日本の技術は、まだまだたくさん眠っています。ＭＡＤＥ ＩＮ ＪＡＰＡＮのモノづくりの誇りを胸に、各企業が技術を世界に向けて発信し、新たな市場に積極的に打って出ることで、日本の製造業は必ず息を吹き返すはずです。

おわりに

1924年、名古屋の明道橋の近くの小さな工場で始まったメイドーの歴史は、まもなく100年を迎えます。その歩みは織機の時代から、日本の自動車産業、そしてトヨタ自動車とともにありました。

私は「人間、カネがないのは首がないのと同じ」、「大きいことがいいことではない。儲かることがいいことだ」、「トヨタが潰れたらメイドーも潰れてもしかたがない」という父のもとに生まれ、幼児の頃は工場が遊び場で、中学生の頃から父に連れられトヨタに出入りしていました。

30代で父から経営を託され、自らも会社を興して半世紀が経ち、2024年で卒寿を迎えます。私はこれまで、国のインフラを使う以上は利益を出して税を国に納めることができない会社は価値がない、という思いで経営をしてきました。

また、中小企業が成長発展するには従業員教育が重要です。教育は一般的に定時後であっても残業手当ではなく、わずかな教育手当を支給して行っている企業が多いと聞いています。それでは従業員が被害者意識をもってしまい、教育を受けても身につきません。教育の時間には残業手当をつけることで、従業員が「勉強ができてそのうえにおカネもくれる」と意欲的に学習する環境をつくってきました。

そして、私自身がトヨタ以外の企業と取引をするなかで思うのは、大企業であってもトヨタのようなオーナー系の企業は経営思想や調達の基本方針がぶれることがなく、そのような企業と下請けとして100年間取引できたメイドーは幸運であった、ということです。

100年前、創業者の父が思い描いた未来、その後、トヨタ自動車を立ち上げた豊田喜一郎氏が描いた未来――。

それらがどのようなものであったか、鮮明に知ることは叶いませんが、きっと今のように世界中でトヨタ車が走り、電気自動車による革命が起こるとまでは、もちろん想像できなかったはずです。ただ、真摯に目の前のモノづくりと向き合い、もっといいものはできないか、性能を上げられないかと、毎日試行錯誤を続けた結果が、現在の発展につながっているのだと思います。

結局のところ、大きな物事を成し遂げるためには、絶え間ない努力を続けるしかありません。気をゆるめず、モチベーションを途切れさせることなく、日々目の前の仕事について考え続け、細かな改善活動を行っていくという地道な努力の積み重ねによってしか、日本一、世界一といった偉業は達成できないのです。

その点、メイドーという会社は100年にわたってひたすらねじを作り続け、改善の努力を続けてきました。それこそが何よりの財産であり、変化する時代のなかにあっても成長を止めず進んでこられた最大の理由です。

そしてまた、現在のメイドーの土台となっているもう一つの要素が、チャレンジ精神です。トヨタ自動車の下請けでありながら、表面処理事業や冷間鍛造事業への進出、積極的な海外展開など、時代に合わせた数々のチャレンジを行ってきたからこそ、今があります。なおチャレンジの際には、時に不可能に思えるほど高い目標を掲げ、それに向かって全社一丸となって邁進してきました。

中小企業でありながらデミング賞の短期獲得を目指し、また売上を1000億円に伸ばし業界で圧倒的なトップになるという「NO．1戦略」を現実としたのは、その最たるものであるといえます。

メイドーの長きにわたるパートナーであるトヨタ自動車は、すでに世界一の自動車メーカーとなりました。今度はメイドーの番です。創業者である父の鉱三は「仮にトヨタに何かあった場合はメイドーも覚悟しよう」という、トヨタと一蓮托生の考えでした。しかし、現在の会長である甥の裕恭や社長である息子の靖高は、あくまで「トヨタを支えていく」という考え方に変わったように私には感じられます。新社長が宣言した「世界一のイノベーション・コネクティング・カンパニー」という新たなチャレンジを、成し遂げねばなりません。

そのためには、これまでどおりトヨタ自動車を中心とした、日本の自動車メーカーを支える「黒子」であり続けるとともに、時にはその黒子衣装を脱ぎ捨てて、自らが主役として立つ必要があります。目下のところメイドーでは、鉄道や宇宙航空分野において、下請けではなくパートナーとして、これまで培った技術の提供や共同開発を進めています。

日本の基幹産業たる自動車産業を支え、それぞれの専門領域で技術を磨き続けてきた、何万社もの「黒子」たちにも、きっと同じことができるはずです。まずは自動車産業のなかから、ハイレベルなモノづくりの力を武器に新たな領域へと打って出る中小企業がいくつも現れてくれれば、それが一つの起爆剤となって、日本が再びモノづくり大国として世界の舞台で輝くきっかけを作れるかもしれません。

自動車産業は大変革期へと突入し、いまだ将来の予測がつかない日々が続いています。しかしそれは、見方を変えれば大いなるチャンスです。今までは存在しなかった市場が生まれ、そこに新技術、世にない製品を引っ提げて参戦し、一からシェアを獲得できる可能性があります。また、顧客の新たなニーズに応えていくことで、これまで自社では手掛けなかったような技術が完成し事業の幅を広げてくれるかもしれません。

そうしてチャンスをつかむために最も重要なのが、チャレンジ精神です。

今と同じところにとどまろうとするのではなく、これまでやったことのない物事に積極的に挑む姿勢があってこそ、新時代の荒波をかき分けて進んでいけるのです。

これからもメイドーでは、自社の魂のこもったボルトを世界中に届け、新時代の主役の一角となるべく、改善活動を積み重ね、チャレンジを続けていきたいと思います。

末筆ながら、最後までお読みいただいた読者のみなさまに深く御礼を申し上げます。ありがとうございました。

メイドーの沿革

1903年	・創業者 長谷川鉱三 名古屋市で生まれる
1924年	・明道鉄工所創業（創業地：名古屋市西区明道町）
1932年	・名古屋市中村区牧野町に工場を移転、㈱豊田自動織機製作所の下請け工場となる
1935年	・自動車用ねじ部品の製造開始（豊田自動織機製作所刈谷工場自動車部設置）
1938年	・名古屋市中川区富船町に工場を移転
1945年	・名古屋大空襲により工場全焼（3月18日） 岐阜県羽島郡竹鼻町に疎開
1948年	・名古屋市の本社工場を復興し生産再開
1950年	・株式会社明道鉄工所設立
1954年	・松城工具株式会社を設立（現㈱マツシロツール）
1958年	・三ツ矢螺子工業株式会社設立
1959年	・伊勢湾台風により工場半倒壊（9月26日）
1964年	・豊田工場操業開始（現本社・本社工場）
1966年	・長谷川鉱三 藍綬褒章を受章（ねじ業界の発展に功労）
1973年	・長谷川款一 社長に就任、長谷川鉱三 会長に就任
1974年	・創業50周年式典、ナゴヤダクロ㈱（現㈱ＭＣシステムズ）設立
	・長谷川鉱三 勲四等瑞宝章を受章（ねじ業界の発展に功労）
1991年	・「株式会社メイドー」に社名を変更、米国にＩＭＣを設立、冷間鍛造品事業に参入
1992年	・トヨタ品質管理賞優良賞受賞
	・長谷川款一 藍綬褒章を受章（ねじ業界の発展に功労）
1995年	・米国ＩＭＣをＲＦＩに社名変更しボルトの現地生産開始
1998年	・ＴＰＭ優秀賞を受賞
1999年	・長谷川士郎 取締役会長に就任、長谷川裕恭 取締役社長に就任
2000年	・藤岡工場操業開始
2002年	・株式会社ハマノ設立
2003年	・マツシロツール株式会社設立

２００５年	・中国浙江省嘉興市に合克薩斯精工有限公司（ヘクサス精工）設立
２００８年	・長谷川款一 旭日双光章を受賞（ねじ業界の発展に功労）
２００９年	・三好工場操業開始
２０１０年	・デミング賞実施賞受賞
２０１１年	・トヨタ品質管理優秀賞受賞
２０１２年	・トヨタ品質管理優秀賞受賞（２年連続） ・インドネシアにＰＴＭＩ設立
２０１３年	・デミング賞大賞受賞、タイにＳＫＭＴ設立 ・トヨタ品質管理優秀賞受賞（３年連続）
２０１４年	・トヨタ品質管理優秀賞受賞（４年連続）
２０１５年	・トヨタ品質管理優秀賞受賞（５年連続）
２０１６年	・㈱日下歯車製作所を買収 ・ＴＰＭ継続優秀賞受賞 ・トヨタ品質管理優秀賞受賞（６年連続）
２０１７年	・小原工場操業開始
２０１８年	・アメーバ経営導入、株式会社アカマツフォーシスを買収 ・トヨタ品質管理優良賞受賞
２０１９年	・トヨタ品質管理優良賞受賞
２０２０年	・トヨタ品質管理優秀賞受賞（７回目）
２０２１年	・西中山工場操業開始、「メイドーフィロソフィ」・「経営の目的」を制定 ・トヨタ品質管理優秀賞ＭＶＰ受賞（２年連続、８回目）
２０２２年	・トヨタ品質管理優秀賞ＭＶＰ受賞（３年連続、９回目） ・株式会社ワタナベを買収
２０２３年	・トヨタ品質管理優秀賞を受賞（４年連続、10回目） ・長谷川靖高 代表取締役社長に就任、長谷川裕恭 代表取締役会長に就任、長谷川士郎 代表取締役名誉会長に就任
２０２４年	・創業１００周年

長谷川 士郎（はせがわ しろう）

株式会社メイドー代表取締役名誉会長

名城大学法商学部商学科を第6回生として卒業。兄の款一が2代目社長に就任した頃から社内の経営方針・経営戦略などをすべて執り行う。

名城大学スポーツ・文化後援会の初代会長を務め、その後学校法人名城大学理事会顧問、学校法人日本体育大学名誉顧問も務める。株式会社メイドーのほか、株式会社MCシステムズでも代表取締役名誉会長を務めている。

本書についての
ご意見・ご感想はコチラ

自動車産業を支え続けて100年
黒子のモノづくり

2024年10月30日　第1刷発行

著　者　　長谷川士郎
発行人　　久保田貴幸

発行元　　株式会社 幻冬舎メディアコンサルティング
〒151-0051　東京都渋谷区千駄ヶ谷4-9-7
電話　03-5411-6440（編集）

発売元　　株式会社 幻冬舎
〒151-0051　東京都渋谷区千駄ヶ谷4-9-7
電話　03-5411-6222（営業）

印刷・製本　中央精版印刷株式会社
装　丁　　弓田和則
写　真　　長谷川智哉

検印廃止

Printed in Japan
ISBN 978-4-344-94748-1 C0034
幻冬舎メディアコンサルティングＨＰ
https://www.gentosha-mc.com/